工程建设项目全过程造价控制研究

丁浙鸣 金 成 王 健 著

吉林科学技术出版社

图书在版编目（CIP）数据

工程建设项目全过程造价控制研究/丁浙鸣，金成，王健著.--长春：吉林科学技术出版社，2023.12

ISBN 978-7-5744-0989-7

Ⅰ.①工… Ⅱ.①丁… ②金… ③王… Ⅲ.①建筑工程-工程造价-研究 Ⅳ.①TU723.3

中国国家版本馆CIP数据核字（2024）第015098号

工程建设项目全过程造价控制研究
GONGCHENG JIANSHE XIANGMU QUANGUOCHENG ZAOJIA KONGZHI YANJIU

作　者	丁浙鸣　金　成　王　健
出 版 人	宛　霞
责任编辑	杨超然
封面设计	树人教育
制　　版	树人教育
幅面尺寸	185mm×260mm
开　　本	16
字　　数	295千字
印　　张	13
印　　数	1-1500册
版　　次	2023年12月第1版
印　　次	2023年12月第1次印刷
出　　版	吉林科学技术出版社
发　　行	吉林科学技术出版社
地　　址	长春市南关区福祉大路5788号出版大厦A座
邮　　编	130118
发行部电话/传真	0431—81629529　81629530　81629531
	81629532　81629533　81629534
储运部电话	0431-86059116
编辑部电话	0431-81629510
印　　刷	廊坊市印艺阁数字科技有限公司
书　　号	ISBN 978-7-5744-0989-7
定　　价	66.00元

版权所有　翻印必究　举报电话：0431—81629508

前 言

众所周知,工程造价控制是一项非常重要的工作,其贯穿在整个建设工程之中,不仅包含项目投资决策、立项、勘察设计,还包括施工招标、施工以及竣工等。不仅如此,工程造价还与承包方、投资方之间存在密切联系。所以,必须要做好工程造价控制。当然,这也是建设项目需要引起重视的问题。

当前阶段,大部分工程造价控制依旧还停留在工程结算审核上,并通过咨询或是其他方式,节约业主投资以及提高经济效益。但却在事后结算审计方面出现许多问题,严重影响工程项目的进展。又因为该种结算方式是在工程完工以后,也就是说工程项目也成为事实。因而,工程造价人员只能结合项目的实际情况,审核书面签证。在此期间,哪怕某个环节出现问题,也无法更改,更不可能通过制定措施来达到节约成本的目的。就连事后结算审计也会受到约束,甚至还会影响预测工作的开展以及其他决策的实施,致使工程造价处于失控局面。此外,还有可能会忽略建设工程前期的造价控制。所以说,当制定出项目决策以后,就应将控制造价的重点转移至设计,当然,这同样是工程造价的核心。一直以来,工程设计都是工程造价控制的核心环节,且在全程造价控制中发挥出至关重要的作用。这就要求工程建设单位必须尽快转变"重施工、轻设计"的观念。

建设项目投资包括固定资产投资和流动资产投资两部分,建设项目总投资中的固定资产投资与建设项目的工程造价在量上相等。工程造价的构成按工程项目建设过程中各类费用支出的性质、途径等来确定,是通过费用划分和汇集所形成的工程造价的费用分解结构。在工程造价基本构成中,既包括用于购买工程项目所需各种设备的费用,用于建筑施工和安装施工所需支出的费用,用于委托工程勘察设计应支付的费用,用于购置土地所需的费用,也包括用于建设单位自身进行项目筹建和项目管理所花费的费用等。总之,工程造价是工程项目按照确定的建设内容、建设规模、建设标准、功能要求和使用要求等全部建成并验收合格交付使用所需的全部费用。

本书的章节布局,共分为七章。第一章是工程造价概述,介绍了设备及工、器具购置费的构成和计算、建筑安装工程费用项目以及工程建设其他费用的构成等;第二章对工程建设项目计价方法及依据做了相对详尽的介绍,介绍了工程计价的方法、工程量清单计价及工程量计算规范以及建筑安装工程人工、材料及机械台班定额消耗量等;第三章是项目决策阶段造价控制,建设项目决策阶段是项目建设的初始阶段,做好建设项目决策阶段工作对建设项目造价控制起着重要的作用,进行项目决策时,不应简单依靠决策人员的经验和直觉,应充分认识该阶段造价控制与管理的重要性,结合事前控制和主动控制,对建设项目进行可行性研究,有效控制投资估算,更加全面地评价项目财务;第四章是项目设计阶段造价控制,介绍了设计阶段造价控制概述、工程设计及设计方案优选以及设计阶段造价控制的措施和方法等；第五章是项目招投标阶段造价控制，推行工程招投标的目的，就是要在建筑市场中建立竞争机制，招标人通过招标活动来选择条件优越者，力争用最优的技术、最佳的质量、最低的报价、最短的工期完成工程项目任务，投标人也通过这种方式选择项目和招标人，以使自己获得丰厚的利润；第六章是项目施工阶段造价控制，在工程建设项目的施工阶段，造价的控制与管理主要包括工程变更和合同价款的调整、工程索赔的管理、工程价款结算以及投资偏差分析等。通常情况下，工程建设项目具有较长的周期，在建设过程中，不仅会受到自然条件和客观因素的影响，还会出现许多不可预料的因素，例如变更和索赔等；第七章是项目竣工阶段造价控制，工程竣工阶段的造价控制与管理是工程造价全过程管理的内容之一，对建设单位来说，该阶段的主要工作是会同其他相关部门对工程进行竣工验收，并编制竣工决算文件，以确定建设工程最终的实际造价，并综合反映竣工项目的建设成果和财务情况。

本书在撰写过程中，参考、借鉴了大量著作与部分学者的理论研究成果，在此一一表示感谢。由于作者精力有限，加之行文仓促，书中难免存在疏漏与不足之处，望各位专家学者与广大读者批评指正，以使本书更加完善。

目 录

第一章 工程造价概述 …………………………………………………………… (1)
- 第一节 概述 …………………………………………………………………… (1)
- 第二节 设备及工、器具购置费的构成和计算 ……………………………… (4)
- 第三节 建筑安装工程费用项目 ……………………………………………… (10)
- 第四节 工程建设其他费用的构成 …………………………………………… (21)
- 第五节 预备费和建设期利息的计算 ………………………………………… (29)

第二章 工程建设项目计价方法及依据 ……………………………………… (31)
- 第一节 工程计价的方法 ……………………………………………………… (31)
- 第二节 工程量清单计价及工程量计算规范 ………………………………… (34)
- 第三节 建筑安装工程人工、材料及机械台班定额消耗量 ………………… (44)
- 第四节 建筑安装工程人工、材料及机具台班单价 ………………………… (50)
- 第五节 工程计价定额 ………………………………………………………… (60)
- 第六节 工程造价信息 ………………………………………………………… (73)

第三章 项目决策阶段造价控制 ………………………………………………… (79)
- 第一节 概述 …………………………………………………………………… (79)
- 第二节 建设项目可行性研究 ………………………………………………… (80)
- 第三节 建设项目投资估算 …………………………………………………… (84)
- 第四节 建设项目财务评价 …………………………………………………… (89)

第四章 项目设计阶段造价控制 ………………………………………………… (100)
- 第一节 设计阶段造价控制概述 ……………………………………………… (100)
- 第二节 工程设计及设计方案优选 …………………………………………… (104)
- 第三节 设计阶段造价控制的措施和方法 …………………………………… (113)
- 第四节 设计概算的编制 ……………………………………………………… (119)
- 第五节 施工图预算的编制 …………………………………………………… (128)

第五章 项目招投标阶段造价控制 ……………………………………………… (137)
- 第一节 概 述 ………………………………………………………………… (137)
- 第二节 建设项目招标与招标控制价 ………………………………………… (139)
- 第三节 建设项目投标与投标报价 …………………………………………… (144)
- 第四节 工程合同价款的确定 ………………………………………………… (155)

第六章　项目施工阶段造价控制 …………………………………………… (159)
　　第一节　概　述 ……………………………………………………… (159)
　　第二节　工程变更和合同价款的调整 ……………………………… (162)
　　第三节　工程索赔 …………………………………………………… (167)
　　第四节　工程价款结算 ……………………………………………… (172)
　　第五节　投资偏差分析 ……………………………………………… (178)
第七章　项目竣工阶段造价控制 …………………………………………… (182)
　　第一节　竣工验收 …………………………………………………… (182)
　　第二节　竣工决算 …………………………………………………… (186)
　　第三节　质量保证金的处理 ………………………………………… (196)
参考文献 ……………………………………………………………………… (198)

第一章 工程造价概述

第一节 概述

一、工程造价构成

（一）建筑安装工程费用的构成

建筑安装工程费按照费用构成要素划分为人工费、材料费、施工机具使用费、企业管理费、利润、规费和税金。为指导工程造价专业人员计算建筑安装工程造价，将建筑安装工程费用按工程造价形成顺序划分为分部分项工程费、措施项目费、其他项目费、规费和税金。

（二）设备及工、器具购置费的构成

设备及工、器具购置费用是由设备购置费和工具、器具及生产家具购置费组成的。设备购置费包括设备原价和设备运杂费。

（三）工程建设其他费用的构成

工程建设其他费用是指从工程筹建起到工程竣工验收交付使用的整个建设期间所发生的费用，是除建筑安装工程费用和设备及工器具购置费用外的，为保证工程建设顺利完成和交付使用后能够正常发挥作用而发生的各项费用。其包括建设用地费、与项目建设有关的其他费用和与未来生产经营有关的其他费用。

1. 建设用地费

建设用地费是为获得工程项目建设土地的使用权而在建设期内发生的各项费用。其包括通过划拨方式取得的土地使用权而支付的土地征用费及迁移补偿费，或者通过土地使用权出让方式取得土地使用权而支付的土地使用权出让金等。

2. 与项目建设有关的其他费用

与项目建设有关的其他费用是建设单位在项目建设过程中，除需要支出工程费用外的，为了保证项目顺利进行而发生的建设单位管理费、可行性研究费、研究试验费、勘察设计费等相关费用。

3. 与未来生产经营有关的其他费用

与未来生产经营有关的其他费用是项目建成后，为正式开始运营所支出的必要费用，如联合试运转费、专利及专有技术使用费和生产准备及开办费等。

（四）预备费的构成

预备费是在建设期内因各种不可预见因素的变化而预留的可能增加的费用。其包括基本预备费和价差预备费。

1. 基本预备费

基本预备费是针对项目实施过程中可能发生难以预料的支出而事先预留的费用，又称工程建设不可预见费。

2. 价差预备费

价差预备费是指为在建设期内利率、汇率或价格等因素的变化而预留的可能增加的费用，也称为价格变动不可预见费或者涨价预备费。

（五）建设期利息

建设期利息是指在建设期内发生的为工程项目筹措资金的融资费用及债务资金利息。

二、国外建设工程造价构成

国外各个国家的建设工程造价构成虽然有所不同，但具有代表性的是世界银行、国际咨询工程师联合会对建设工程造价构成的规定。这些国际组织对工程项目的总建设成本（相当于我国的工程造价）作为统一规定，工程项目总建设成本包括项目直接建设成本、项目间接建设成本、应急费和建设成本上升费等。各部分详细内容如下。

（一）项目直接建设成本

项目直接建设成本包括以下内容：

1. 土地征购费。

2. 场外设施费用。如道路、码头、桥梁、机场、输电线路等设施费用。

3. 场地费用。指用于场地准备、厂区道路、铁路、围栏、场内设施等的建设费用。

4. 工艺设备费。指主要设备、辅助设备及零配件的购置费用，包括海运包装费用、交货港离岸价，但不包括税金。

5. 设备安装费。指设备供应商的监理费用，本国劳务及工资费用，辅助材料、施工设备、消耗品和工具等费用，以及安装承包商的管理费和利润等。

6. 管道系统费用。指与系统的材料及劳务相关的全部费用。

7. 电气设备费。其内容与上述第（4）项内容类似。

8. 电气安装费。指设备供应商的监理费用，本国劳务与工资费用，辅助材料、电缆管道和工具费用，以及营造承包商的管理费和利润。

9. 仪器仪表费。指所有自动仪表、控制板、配线和辅助材料的费用以及供应商的监理费用、外国或本国劳务与工资费用，承包商的管理费和利润。

10. 机械的绝缘和油漆费。指与机械及管道的绝缘和油漆相关的全部费用。

11. 工艺建筑费。指原材料、劳务费以及与基础、建筑结构、屋顶、内外装修、公共设施有关的全部费用。

12. 服务性建筑费用。其内容与上述第（11）项相似。

13. 工厂普通公共设施费。包括材料和劳务费以及与供水、燃料供应、通风、蒸汽发生及分配、下水道、污物处理等公共设施有关的费用。

14. 车辆费。指工艺操作所必需的机动设备零件费用，包括海运包装费用以及交货港的离岸价，但不包括税金。

15. 其他当地费用。指那些不能归类于以上任何一个项目，不能计入项目间接成本，但在建设期间又是必不可少的当地费用。如临时设备、临时公共设施及场地的维持费，营地设施及其管理、建筑保险和债券，杂项开支等费用。

（二）项目间接建设成本

项目间接建设成本包括以下内容：

1. 项目管理费。

（1）总部人员的薪金和福利费，以及用于初步和详细工程设计、采购、时间和成本控制、行政和其他一般管理的费用。

（2）施工管理现场人员的薪金、福利费和用于施工现场监督、质量保证、现场采购、时间及成本控制、行政及其他施工管理机构的费用。

（3）零星杂项费用，如返工、旅行、生活津贴、业务支出等。

（4）各种酬金。

2. 开工试车费。指工厂投料试车必需的劳务和材料费用。

3. 业主的行政性费用。指业主的项目管理人员费用及支出。

4. 生产前费用。指前期研究、勘测、建矿、采矿等费用。

5. 运费和保险费。指海运、国内运输、许可证及佣金、海洋保险、综合保险等费用。

6. 税金。指关税、地方税及对特殊项目征收的税金。

（三）应急费

应急费包括以下内容：

1. 未明确项目的准备金。此项准备金用于在估算时，不可能明确的潜在项目，包括那些在做成本估算时因为缺乏完整、准确和详细的资料而不能完全预见和不能注明的项目，并且这些项目是必须完成的，或它们的费用是必定要发生的。在每一个组成部分中均单独以一定的百分比确定，并作为估算的一个项目单独列出。此项准备金不是为了支付工作范围以外可能增加的项目，不是用来应付自然灾害、非正常经济情况及罢工等情况，也不是用来补偿估算的任何误差，而是用来支付那些几乎可以肯定要发生的费用。因此，它是估算中不可缺少的一个组成部分。

2. 不可预见准备金。此项准备金（在未明确项目准备金外）用于在估算达到了一定的完整性并符合技术标准的基础上，由于物质、社会和经济的变化，导致估算增加的情况。此种情况可能发生，也可能不发生。因此，不可预见准备金只是一种储备，可能不会动用。

（四）建设成本上升费用

通常，估算中使用的构成工资率、材料和设备价格基础的截止日期就是"估算日期"。必须对该日期或在已知成本基础上进行调整，以补偿直至工程结束时的未知价格增长。

工程的各个主要组成部分（国内劳务和相关成本、本国材料、外国材料、本国设备、外国设备、项目管理机构）的细目划分确定以后，便可确定每一个主要组成部分的增长率。这个增长率是一项判断因素。它以已发表的国内和国际成本指数、公司记录的历史经验数据等为依据，并与实际供应商进行核对，然后根据确定的增长率和从工程进度表中获得的各主要组成部分的中点值，计算出每项主要组成部分的成本上升值。

第二节 设备及工、器具购置费的构成和计算

设备及工、器具购置费是指设备及工、器具的原价和设备及工、器具的运杂费之和。

一、设备购置费的构成及计算

设备购置费是指建设工程购置或自制的达到固定资产标准的设备、工具和器具的费用。

设备购置费包括设备原价和设备运杂费，即

设备购置费=设备原价（或进口设备抵岸价）+设备运杂费 （1-1）

式中，设备原价是指国产标准设备、非标准设备的原价。设备运杂费是指除设备原价之外关于设备采购、运输、途中包装及仓库保管等方面支出的费用的总和。

(一) 国产设备原价的构成及计算

国产设备原价一般是指设备制造厂的交货价,即出厂价或订货合同价。它一般根据生产厂家或供应商的询价、报价、合同价确定,或采用一定的方法计算确定。国产设备原价可分为国产标准设备原价和国产非标准设备原价两种。

1. 国产标准设备原价

国产标准设备是按照主管部门颁布的标准图纸和技术要求,由我国设备生产厂批量生产的,符合国家质量检验标准的设备。国产标准设备原价一般是指设备制造厂的交货价,即出厂价。有的设备有两种出厂价,即带有备件的出厂价和不带备件的出厂价。在计算设备原价时,一般按带有备件的出厂价计算。

2. 国产非标准设备原价

国产非标准设备是指国家尚无定型标准,各设备生产厂不可能在工艺过程中采用批量生产,而只能按一次订货,并根据具体的设计图纸制造的设备。非标准设备原价有多种不同的计算方法,如成本计算估价法、系列设备插入估价法、分部组合估价法和定额估价法等。但无论采用哪种方法,都应该使非标准设备计价接近实际出厂价,并且计算方法要简便。按成本计算估价法分析,非标准设备的原价由以下各项组成:

(1) 材料费。其计算公式为

材料费=每吨材料综合价×材料净质量×(1+加工损耗系数) (1-2)

式中,材料净质量是指根据设备设计图纸中各种零件的理论质量计算的净质量。计算材料净质量时不包括以下四个方面内容。

1) 设备壳体、槽罐所需的防腐衬里,如衬胶、衬塑料、衬瓷板、衬耐酸砖等。

2) 设备保温材料,如石棉粉、棉毡等。

3) 设备的各种填料,如石墨、塑料球等。

4) 外购配套件及设备本体以外的配套设备与管线等。

(2) 加工费。加工费包括生产工人工资和工资附加费、燃料动力费、设备折旧费、车间经费等。其计算公式为

加工费=设备每吨加工费×设备总质量(t) (1-3)

式中,设备总质量包括外购配套件的质量,但不包括设备的防腐衬里、设备保温材料和设备的各种填料的质量。

设备每吨加工费按设备种类和质量,规定了不同的取费标准。

(3) 辅助材料费(简称辅材费)。辅助材料费包括焊条、焊丝、氧气、氩气、氮气、油漆和电石等费用。其计算公式为

辅助材料费=辅助材料费指标×设备总质量 (1-4)

(4) 专用工具费。按(1)~(3)项之和乘以一定百分比计算。

(5) 废品损失费。按(1)~(4)项之和乘以一定百分比计算。

(6) 外购配套件费。按设备设计图纸所列的外购配套件的名称、型号、规格、数

量和质量，根据相应的价格加运杂费计算。

（7）包装费。按（1）~（6）项之和乘以一定百分比计算。

（8）利润。按（1）~（5）项与（7）项之和乘以一定利润率计算。

（9）税金。税金主要是指增值税，通常是指设备制造厂销售设备时向购入设备方收取的销项税额。其计算公式为

当期销项税额=销售额×适用增值税税率（1-5）

其中销售额为（1）~（8）项之和。

（10）非标准设备设计费。按国家规定的设计费收费标准计算。

综上所述，单台非标准设备原价可用下面的公式表示：

单台非标准设备原价={［（材料费+加工费+辅助材料费）×（1+专用工具费费率）×（1+废品损失费费率）+外购配套件费］×（1+包装费费率）-外购配套件费}×（1+利润率）+销项税金+非标准设备设计费+外购配套件费（1-6）

以上各项费用的计算公式见表1-1。

表1-1　国产非标准设备原价的计算

费用项目	计算方法
①材料费	每吨材料综合价×材料净质量×（1+加工损耗系数）
②加工费	设备每吨加工费×设备总质量（吨）
③辅助材料费	辅助材料费指标×设备总质量
④专用工具费	［①+②+③］×专用工具费占比率（费率）
⑤废品损失费	［①+②+③+④］×废品损失费占比率（费率）
⑥外购配套件费	实际进货价
⑦包装费	［①+②+③+④+⑤+⑥］×包装费占比率（费率）
⑧利润	［①+②+③+④+⑤+⑦］×利润率
⑨税金	销售额×适用增值税税率-进项税额
⑩非标设备设计费	按国家规定标准计收

（二）进口设备原价的构成及计算

进口设备的原价是指进口设备的抵岸价，即设备抵达买方边境、港口或车站，交纳完各种手续费、税费后形成的价格。抵岸价通常是由进口设备到岸价（CIF）和进口从属费构成。进口设备的到岸价，即设备抵达买方边境港口或边境车站所形成的价格。在国际贸易中，交易双方所使用的交货类别不同，则交易价格的构成内容也有所差异。进口设备从属费用是指进口设备在办理进口手续过程中发生的应计入设备原价的银行财务费、外贸手续费、进口关税、消费税、进口环节增值税及进口车辆的车辆购置税等。

1. 进口设备的交易价格

在国际贸易中，较为广泛使用的交易价格术语有FOB、CFR和CIF。

(1) 离岸价格 (FOB),意为装运港船上交货。FOB 术语是指当货物在装运港被装上指定船只时,卖方即完成交货义务。风险转移,以在指定的装运港货物被装上指定船只时为分界点。费用划分与风险转移的分界点相一致。

在 FOB 交货方式下,卖方的基本义务有:在合同规定的时间或期限内,装运港按照以往方式将货物交到买方指派的船只上,并及时通知买方;自负风险和费用,取得出口许可证或其他官方批准证件,在需要办理海关手续时,办理货物出口所需的一切海关手续;承担货物在装运港至装上船为止的一切费用和风险;自付费用提供证明货物已交至船上的通常单据或具有同等效力的电子单证。买方的基本义务有:自负风险和费用,取得进口许可证或其他官方批准的证件,在需要办理海关手续时,办理货物进口以及经由他国过境的一切海关手续,并支付有关费用及过境费;负责租船或订舱,支付运费,并给予卖方关于船名、装船地点和要求交货时间的充分的通知;承担货物在装运港装上船后的一切费用和风险;接受卖方提供的有关单据,受领货物,并按合同规定支付货款。

(2) 成本加运费 (CFR),或称为运费在内价。CFR 是指在装运港货物在装运港被装上指定船时卖方即完成交货,卖方必须支付将货物运至指定的目的港所需的运费和费用,但交货后货物灭失或损坏的风险,以及由于各种事件造成的任何额外费用,即由卖方转移到买方。与 FOB 价格相比,CFR 的费用划分与风险转移的分界点是不一致的。

在 CFR 交货方式下,卖方的基本义务有:自负风险和费用,取得出口许可证或其他官方批准的证件,在需要办理海关手续时,办理货物出口所需的一切海关手续;签订从指定装运港承运货物运往指定目的港的运输合同;在买卖合同规定的时间和港口,将货物装上船只并支付至目的港的运费,装船后及时通知买方;承担货物在装运港在装上船为止的一切费用和风险;向买方提供通常的运输单据或具有同等效力的电子单证。买方的基本义务有:自负风险和费用,取得进口许可证或其他官方批准的证件,在需要办理海关手续时,办理货物进口以及必要时经由另一国过境的一切海关手续,并支付有关费用及过境费;负担货物在装运港装上船后的一切费用和风险;接受卖方提供的有关单据,受领货物,并按合同规定支付货款;支付除通常运费以外的有关货物在运输途中所产生的各项费用以及包括驳运费和码头费在内的卸货费。

(3) 到岸价格 (CIF),意为成本加保险费、运费。在 CIF 术语中,卖方除承担与 CFR 相同的义务外,还应办理货物在运输途中最低险别的海运保险,并应支付保险费。如买方需要更高的保险险别,则需要与卖方明确地达成协议,或者自行做出额外的保险安排。除保险这项义务外,买方的义务与 CFR 相同。

2. 进口设备到岸价的构成及计算

进口设备采用最多的是装运港船上交货价 (FOB),其抵岸价的构成可用公式表示为

进口设备到岸价(CIF)=离岸价格(FOB)+国际运费+运输保险费=运费在内价(CFR)+运输保险费(1-7)

(1)货价。货价一般是指装运港船上交货价(FOB)。设备货价可分为原币货价和人民币货价两种。原币货价一律折算为美元表示,人民币货价按原币货价乘以外汇市场美元兑换人民币汇率中间价确定。进口设备货价按有关生产厂商询价、报价、订货合同价计算。

(2)国际运费。国际运费即从装运港(站)到达我国目的港(站)的运费。我国进口设备大部分采用海洋运输,小部分采用铁路运输,个别采用航空运输。进口设备国际运费计算公式为

国际运费(海、陆、空)=原币货价(FOB)×运费费率(1-8)

国际运费(海、陆、空)=单位运价×运量(1-9)

其中,运费费率或单位运价参照有关部门或进出口公司的规定执行。

(3)运输保险费。对外贸易货物运输保险是由保险人(保险公司)与被保险人(出口人或进口人)订立保险契约,在被保险人交付议定的保险费后,保险人根据保险契约的规定对货物在运输过程中发生的承保责任范围内的损失给予经济上的补偿。这是一种财产保险。其计算公式为

$$运输保险费 = \frac{原币货价(FOB) + 国际运费}{1 - 保险费费率} \times 保险费费率 (1-10)$$

其中,保险费费率按保险公司规定的进口货物保险费费率计算。

3. 进口从属费的构成及计算

进口从属费=银行财务费+外贸手续费+关税+消费税+进口环节增值税+车辆购置税(1-11)

(1)银行财务费。一般是指在国际贸易结算中,中国银行为进出口商提供金融结算服务所收取的费用,可按下式简化计算:

银行财务费=离岸价格(FOB)×人民币外汇汇率×银行财务费费率(1-12)

(2)外贸手续费。指按对外经济贸易部门规定的外贸手续费率计取的费用,外贸手续费费率一般取1.5%。其计算公式为

外贸手续费=到岸价格(CIF)×人民币外汇汇率×外贸手续费费率(1-13)

(3)关税。关税由海关对进出国境或关境的货物和物品征收的一种税。其计算公式为

关税=到岸价格(CIF)×人民币外汇汇率×进口关税税率(1-14)

到岸价格作为关税的计征基数时,通常也可称为关税完税价格。进口关税税率可分为优惠和普通两种。优惠税率适用于与我国签订关税互惠条款的贸易条约或协定的国家的进口设备;普通税率适用于与我国未签订关税互惠条款的贸易条约或协定的国家的进口设备。进口关税税率按我国海关总署发布的进口关税税率计算。

(4)消费税。仅对部分进口设备(如轿车、摩托车等)征收,一般计算公式为

$$\text{应纳消费税税额} = \frac{\text{到岸价格(CIF)} \times \text{人民币外汇汇率} + \text{关税}}{1 - \text{消费税税率}} \times \text{消费税税率} \quad (1-15)$$

其中，消费税税率根据规定的税率计算。

（5）进口环节增值税。进口环节增值税是对从事进口贸易的单位和个人，在进口商品报关进口后征收的税种。我国增值税征收条例规定，进口应税产品均按组成计税价格和增值税税率直接计算应纳税额，即

进口环节增值税额=组成计税价格×增值税税率 （1-16）

组成计税价格=关税完税价格+关税+消费税 （1-17）

增值税税率根据规定的税率计算。

（6）车辆购置税。进口车辆需缴进口车辆购置税。其计算公式为

进口车辆购置税=（关税完税价格+关税+消费税）×车辆购置税税率 （1-18）

（三）设备运杂费的构成及计算

1. 设备运杂费的构成

设备运杂费是指国内采购设备自来源地、国外采购设备自到岸港运至工地仓库或指定堆放地点发生的采购、运输、运输保险、保管、装卸等费用。通常由以下内容构成：

（1）运费和装卸费。国产设备是由设备制造厂交货地点起至工地仓库（或施工组织设计指定的需要安装设备的堆放地点）止所发生的运费和装卸费；进口设备是由我国到岸港口或边境车站起至工地仓库（或施工组织设计指定的需安装设备的堆放地点）止所发生的运费和装卸费。

（2）包装费。在设备原价中没有包含的、为运输而进行的包装支出的各种费用。

（3）设备供销部门的手续费。按有关部门规定的统一费率计算。

（4）采购与仓库保管费。采购与仓库保管费是指采购、验收、保管和收发设备所发生的各种费用，包括设备采购人员、保管人员和管理人员的工资、工资附加费、办公费、差旅交通费、设备供应部门办公和仓库所占固定资产使用费、工具用具使用费、劳动保护费、检验试验费等。这些费用可按主管部门规定的采购与保管费费率计算。

2. 设备运杂费的计算

设备运杂费按设备原价乘以设备运杂费费率计算。其计算公式为

设备运杂费=设备原价×设备运杂费费率 （1-19）

其中，设备运杂费费率按照各部门及省、市有关规定计取。

二、工、器具及生产家具购置费的构成及计算

工、器具及生产家具购置费是指新建或扩建项目初步设计规定的，保证初期正常生产必须购置的、没有达到固定资产标准的设备、仪器、工卡模具、器具、生产家具

和备品备件等的购置费用。一般以设备购置费为计算基数，按照部门或行业规定的工、器具及生产家具费率计算。其计算公式为

工、器具及生产家具购置费=设备购置费×定额费费率 （1-20）

第三节 建筑安装工程费用项目

一、我国现行建筑安装工程费用项目组成

根据"住房和城乡建设部、财政部关于印发《建筑安装工程费用项目组成》的通知"（建标〔2013〕44号），我国现行建筑安装工程费用项目按两种不同的方式划分，即按费用构成要素划分和按造价形成划分。

二、按费用构成要素划分

按照费用的构成要素划分，建筑安装工程费包括人工费、材料费、施工机具使用费、企业管理费、利润、规费和税金。

（一）人工费

建筑安装工程费中的人工费，是指支付给直接从事建筑安装工程施工作业的生产工人的各项费用。计算人工费的基本要素有两个，即人工工日消耗量和人工日工资单价。

（1）人工工日消耗量。人工工日消耗量是指在正常施工生产条件下，完成规定计量单位的建筑安装产品所消耗的生产工人的工日数量。它由分项工程所综合的各个工序劳动定额包括的基本用工和其他用工两部分组成。

（2）人工日工资单价。人工日工资单价是指直接从事建筑安装工程施工的生产工人在每个法定工作日的工资、津贴及奖金等。

人工费的基本计算公式为

$$人工费=\Sigma（工日消耗量 \times 日工资单价） \qquad (1-21)$$

（二）材料费

建筑安装工程费中的材料费，是指工程施工过程中耗费的各种原材料、半成品、构配件、工程设备等的费用，以及周转材料等的摊销、租赁费用。计算材料费的基本要素是材料消耗量和材料单价。

（1）材料消耗量。材料消耗量是指在正常施工生产条件下，完成规定计量单位的建筑安装产品所消耗的各类材料的净用量和不可避免的损耗量。

（2）材料单价。材料单价是指建筑材料从其来源地运到施工工地仓库直至出库形成的综合平均单价。由材料原价、运杂费、运输损耗费、采购及保管费组成。当一般纳税人采用一般计税方法时，材料单价中的材料原价、运杂费等均应扣除增值税进项

税额。

材料费的基本计算公式为

$$材料费 = \Sigma（材料消耗量 \times 材料单价）\quad (1-22)$$

(3) 工程设备。只构成或计划构成永久工程一部分的机电设备、金属结构设备、仪器装置或其他类似的设备和装置。

（三）施工机具使用费

建筑安装工程费中的施工机具使用费，是指施工作业所发生的施工机械、仪器仪表使用费或其租赁费。

1. 施工机械使用费。施工机械使用费是指施工机械作业发生的使用费或租赁费。构成施工机械使用费的基本要素是施工机械台班消耗量和机械台班单价。施工机械台班消耗量是指在正常施工生产条件下，完成规定计量单位的建筑安装产品所消耗的施工机械台班的数量。施工机械台班单价是指折合到每台班的施工机械使用费。施工机械使用费的基本计算公式为

$$施工机械使用费 = \Sigma（施工机械台班消耗量 \times 机械台班单价）\quad (1-23)$$

施工机械台班单价通常由折旧费、检修费、维护费、安拆费和场外运费、人工费、燃料动力费及其他费用组成。

2. 仪器仪表使用费。仪器仪表使用费是指工程施工所需使用的仪器仪表的摊销及维修费用。与施工机械使用费类似，仪器仪表使用费的基本计算公式为

$$仪器仪表使用费 = 工程使用的仪器仪表摊销费 + 维修费 \quad (1-24)$$

仪器仪表台班单价通常由折旧费、维护费、校验费和动力费组成。

当一般纳税人采用一般计税方法时，施工机械台班单价和仪器仪表台班单价中的相关子项均需扣除增值税进项税额。

（四）企业管理费

1. 企业管理费组成

企业管理费是指建筑安装企业组织施工生产和经营管理所需的费用。其内容包括：

（1）管理人员工资：是指按规定支付给管理人员的计时工资、奖金、津贴补贴、加班加点工资及特殊情况下支付的工资等。

（2）办公费：是指企业管理办公用的文具、纸张、账表、印刷、邮电、书报、办公软件、现场监控、会议、水电、烧水和集体取暖降温（包括现场临时宿舍取暖降温）等费用。当一般纳税人采用一般计税方法时，办公费中增值税进项税额的抵扣原则为：以购进货物适用的相应税率扣减，其中购进自来水、暖气冷气、图书、报纸、杂志等适用的税率为11%，接受邮政和基础电气服务等适用的税率为11%，接受增值电信服务等适用的税率为6%，其他一般为17%。

（3）差旅交通费：是指职工因公出差、调动工作所产生的差旅费、住勤补助费，

市内交通费和误餐补助费，职工探亲路费，劳动力招募费，职工退休、退职一次性路费，工伤人员就医路费，工地转移费以及管理部门使用的交通工具的油料、燃料等费用。

（4）固定资产使用费：是指管理和试验部门及附属生产单位使用的属于固定资产的房屋、设备、仪器等的折旧、大修、维修或租赁的费用。当一般纳税人采用一般计税方法时，固定资产使用费中增值税进项税额的抵扣原则为：2016年5月1日后以直接购买、接受捐赠、接受投资入股、自建以及抵债等各种形式取得并在会计制度上按固定资产核算的不动产或者2016年5月1日后取得的不动产在建工程，其进项税额应自取得之日起分两年扣减，第一年抵扣比例为60%，第二年抵扣比例为40%。设备、仪器的折旧、大修、维修或租赁费以购进货物、接受修理修配劳务或租赁有形动产服务适用的税率扣减，均为17%。

（5）工具用具使用费：是指企业施工生产和管理使用的不属于固定资产的工具、器具、家具、交通工具以及检验、试验、测绘、消防用具等的购置、维修和摊销费。当一般纳税人采用一般计税方法时，工具用具使用费中增值税进项税额的抵扣原则：以购进货物或接受修理修配劳务适用的税率扣减，均为17%。

（6）劳动保险和职工福利费：是指由企业支付的职工退职金，按规定支付给离休干部的经费，集体福利费，夏季防暑降温、冬季取暖补贴，上班、下班交通补贴等。

（7）劳动保护费：是企业按规定发放的劳动保护用品的支出。如工作服、手套、防暑降温饮料，以及在有碍身体健康的环境中施工的保健费用等。

（8）检验试验费：是指施工企业按照有关标准规定，对建筑以及材料、构件和建筑安装物进行一般鉴定、检查所需要的费用。其包括自设试验室进行试验所耗用的材料等费用，但不包括新结构、新材料的试验费，也不包括对构件做破坏性试验及其他特殊要求检验试验的费用和建设单位委托检测机构进行检测的费用，对做此类检测所发生的费用，由建设单位在工程建设其他费用中列支。但在对施工企业提供的具有合格证明的材料进行检测时，若发现不合格者，则该检测费用由需施工企业支付。当一般纳税人采用一般计税方法时，检验试验费中增值税进项税额现代服务业以使用税率的6%扣减。

（9）工会经费：是指企业按《工会法》规定的以全部职工工资总额比例计提的工会经费。

（10）职工教育经费：是指按职工工资总额的规定比例计提的，企业为职工进行专业技术和职业技能培训，专业技术人员继续教育、职工职业技能鉴定、职业资格认定以及根据需要对职工进行各类文化教育所发生的费用。

（11）财产保险费：是指施工管理用财产、车辆等的保险费用。

（12）财务费：是指企业为施工生产筹集资金或提供预付款担保、履约担保、职工工资支付担保等所发生的各种费用。

（13）税金：是指企业按规定缴纳的房产税、生产性车船使用税、土地使用税、印花税、城市维护建设税、教育费附加、地方教育附加费等各项税费。

（14）其他：包括技术转让费、技术开发费、投标费、业务招待费、绿化费、广告费、公证费、法律顾问费、审计费、咨询费、保险费等。

2. 企业管理费费率

企业管理费一般采取费基数乘以费率的方法计算，取费基数有三种，分别是以直接费为计算基础、以人工费和施工机具使用费合计为计算基础及以人工费为计算基础。企业管理费费率计算方式如下：

（1）以直接费为计算基础，其计算公式为

$$企业管理费费率(\%) = \frac{生产工人年平均管理费}{年有效施工天数 \times 人工单价} \times 人工费占直接费的比例(\%) \quad (1-25)$$

（2）以人工费和施工机具使用费合计为计算基础，其计算公式为

$$企业管理费费率(\%) = \frac{生产工人年平均管理费}{年有效施工天数 \times (人工单价 + 工日机械使用费)} \times 100\% \quad (1-26)$$

（3）以人工费为计算基础，其计算公式为

$$企业管理费费率(\%) = \frac{生产工人年平均管理费}{年有效施工天数 \times 人工单价} \times 100\% \quad (1-27)$$

工程造价管理机构在确定计价定额中的企业管理费时，应以定额人工费或（定额人工费+施工机具使用费）作为计算基数，其费率根据历年工程造价积累的资料，辅以调查数据确定。

（五）利润

利润是指施工企业完成所承包工程获得的营利。利润由施工企业根据企业自身需求并结合建筑市场实际自主确定，列入报价中。

工程造价管理机构在确定计价定额中利润时，应以定额人工费或（定额人工费+定额机械费）作为计算基数，其费率根据历年工程造价积累的资料，并结合建筑市场实际确定，以单位（单项）工程测算，利润在税前建筑安装工程费的比重可按5%~7%的费率计算。利润应列入分部分项工程和措施项目中。

（六）规费

1. 规费组成

规费是指按国家法律、法规规定，由省级政府和省级有关权力部门规定必须缴纳或计取的费用。包括：

（1）社会保险费：

1）养老保险费：是指企业按照规定标准为职工缴纳的基本养老保险费。

2）失业保险费：是指企业按照规定标准为职工缴纳的失业保险费。

3）医疗保险费：是指企业按照规定标准为职工缴纳的基本医疗保险费。

4）生育保险费：是指企业按照规定标准为职工缴纳的生育保险费。

5）工伤保险费：是指企业按照规定标准为职工缴纳的工伤保险费。

（2）住房公积金：是指企业按规定标准为职工缴纳的住房公积金。

（3）工程排污费：是指企业按规定缴纳的施工现场工程排污费。

其他应列而未列入的规费，按实际发生计取。

2. 规费计算

（1）社会保险费和住房公积金。社会保险费和住房公积金应以定额人工费为计算基础，根据工程所在地省、自治区、直辖市或行业建设主管部门规定的费率计算。其计算公式为

社会保险费和住房公积金=Σ（工程定额人工费×社会保险费和住房公积金费率）（1-28）

式中，社会保险费和住房公积金费率可以以每万元发承包价的生产工人人工费和管理人员工资含量与工程所在地规定的缴纳标准综合分析取定。

（2）工程排污费。工程排污费等其他应列而未列入的规费应按工程所在地环境保护等部门规定的标准缴纳，按实际计取列入。

（七）税金

建筑安装工程费用中的税金是指按照国家税法规定的应计入建筑安装工程造价内的增值税额，按税前造价乘以增值税税率确定。

1. 采用一般计税方法时增值税的计算

当采用一般计税方法时，建筑业增值税税率为10%。其计算公式为

$$增值税 = 税前造价 \times 10\%$$

税前造价为人工费、材料费、施工机具使用费、企业管理费、利润和规费之和，各费用项目均以不包含增值税可抵扣进项税额的价格计算。

2. 采用简易计税方法时增值税的计算

（1）简易计税的适用范围。根据《营业税改征增值税试点实施办法》以及《营业税改征增值税试点有关事项的规定》的规定，简易计税方法主要适用于以下几种情况：

1）小规模纳税人发生应税行为适用简易计税方法计税。小规模纳税人通常是指纳税人提供建筑服务的年应征增值税销售额未超过500万元，并且会计核算不健全，不能按规定报送有关税务资料的增值税纳税人。年应税销售额超过500万元，但不经常发生应税行为的单位也可选择按照小规模纳税人计税。

2）一般纳税人以清包工方式提供的建筑服务，可以选择适用简易计税方法计税。以清包工方式提供建筑服务，是指施工一方不采购建筑工程所需的材料或只采购辅助材料，并收取人工费、管理费或者其他费用的建筑服务。

3）一般纳税人为甲供工程提供的建筑服务，就可以选择适用简易计税方法计税。

甲供工程，是指全部或部分设备、材料、动力由工程发包方自行采购的建筑工程。

4) 一般纳税人为建筑工程老项目提供的建筑服务，可以选择适用简易计税方法计税。建筑工程老项目包括：《建筑工程施工许可证》注明的合同开工日期在2016年4月30日前的建筑工程项目；未取得《建筑工程施工许可证》的，建筑工程承包合同注明的开工日期在2016年4月30日前的建筑工程项目。

（2）简易计税的计算方法。当采用简易计税方法时，建筑业增值税税率为3%。其计算公式为

$$增值税 = 税前造价 \times 3\% \qquad (1-29)$$

税前造价为人工费、材料费、施工机具使用费、企业管理费、利润和规费之和，各费用项目均以包含增值税进项税额的含税价格计算。

三、按照工程造价形成划分

建筑安装工程费按照工程造价的形成由分部分项工程费、措施项目费、其他项目费、规费和税金组成。

（一）分部分项工程费

1. 分部分项工程费组成。分部分项工程费是指各专业工程的分部分项工程应予列支的各项费用。

（1）专业工程。专业工程是指按照现行国家计量规范划分的房屋建筑与装饰工程、仿古建筑工程、通用安装工程、市政工程、园林绿化工程、矿山工程、构筑物工程、城市轨道交通工程、爆破工程等各类工程。

（2）分部分项工程。分部分项工程是指按现行国家计量规范对各专业工程划分的项目。如通用安装工程划分的机械设备安装工程，热力设备安装工程，静置设备与工艺金属结构制作安装工程，电气设备安装工程，建筑智能化工程，自动化控制仪表安装工程，通风空调工程，工业管道工程，消防工程，给水排水、采暖、燃气工程，通信设备及线路工程，刷油、防腐蚀、绝热工程等。

2. 分部分项工程费计算。其计算公式为

$$分部分项工程费 = \Sigma（分部分项工程量 \times 综合单价）\qquad (1-30)$$

式中，综合单价包括人工费、材料费、施工机具使用费、企业管理费和利润以及一定范围的风险费用（下同）。

（二）措施项目费

1. 措施项目费组成

措施项目费是指为完成建设工程施工，发生于该工程施工前和施工过程中的技术、生活、安全、环境保护等方面的费用。措施项目费包括：

（1）安全文明施工费。

1) 环境保护费：是指施工现场为达到环保部门要求所需要的各项费用。

2）文明施工费：是指施工现场为了文明施工所需要的各项费用。

3）安全施工费：是指施工现场为了安全施工所需要的各项费用。

4）临时设施费：是指施工企业为进行建设工程施工所必须搭设的生活和生产用的临时建筑物、构筑物和其他临时设施的费用。其包括临时设施的搭设、维修、拆除、清理费或摊销费等。

各项安全文明施工费的具体内容见表1-2。

表1-2 安全文明施工措施费的主要内容

项目名称	工作内容及包含范围
环境保护	现场施工机械设备降低噪声、防扰民措施费用
	水泥和其他易飞扬细颗粒建筑材料密闭存放或采取覆盖措施等费用
	工程防扬尘洒水费用
	现场污染源的控制、生活垃圾清理外运、场地排水排污措施费用
	其他环境保护措施费用
环境保护	"五牌一图"费用
	现场围挡的墙面美化（包括内外墙粉刷、刷白、标语等）、压顶装饰费用
	现场厕所便槽刷白、贴面砖，水泥砂浆地面或地砖铺砌，建筑物内临时便溺设施费用
	其他施工现场临时设施的装饰装修、美化措施费用
	现场生活卫生设施费用
	符合卫生要求的饮水设置、沐浴、消毒等设施费用
文明施工	生活用洁净燃料费用
	防煤气中毒、防蚊虫叮咬等措施费用
	施工现场操作场地的硬化费用
	现场绿化费用、治安综合治理费用
	现场配备医药保健器材、物品费用和急救人员培训费用
	现场工人的防暑降温、电风扇、空调等设备及用电费用
	其他文明施工措施费用
	安全资料、特殊作业专项方案的编制，安全施工标志的购置及安全宣传费用
	"三宝"（安全帽、安全带、安全网）、"四口"（楼梯口、电梯井口、通道口、预留洞口）、"五临边"（阳台围边、楼板围边、屋面围边、槽坑围边、卸料平台两侧）、水平防护架、垂直防护架、外架封闭等防护费用
	施工安全用电的费用，包括配电箱三级配电、两级保护装置要求、外电防护措施费用
	起重机、塔式起重机等起重设备（含井架、门架）及外用电梯的安全防护措施（含警示标志）及卸料平台的临边防护、层间安全门、防护棚等设施费用

续表

项目名称	工作内容及包含范围
安全施工	建筑工地起重机械的检验检测费用
	施工机具防护棚及其围栏的安全保护设施费用
	施工安全防护通道费用
	工人的安全防护用品、用具购置费用
	消防设施与消防器材的配置费用
	电气保护、安全照明设施费
	其他安全防护措施费用
临时设施	施工现场临时建筑物、构筑物的搭设、维修、拆除，如临时宿舍、办公室、食堂、厨房、厕所、诊疗所、临时文化福利用房、临时仓库、加工场、搅拌台、临时简易水塔、水池等费用
	施工现场临时设施的搭设、维修、拆除，如临时供水管道、临时供电管线、小型临时设施等费用
	施工现场规定范围内临时简易道路铺设、临时排水沟、排水设施安装、维修、拆除费用
	其他临时设施搭设、维修、拆除费用

（2）夜间施工增加费。夜间施工增加费是指因夜间施工所发生的夜班补助费、夜间施工降效、夜间施工照明设备摊销及照明用电等措施费用。夜间施工增加费由以下各项组成：

1）夜间固定照明灯具和临时可移动照明灯具的设置和拆除费用；

2）夜间施工时，施工现场交通标志，安全标牌，警示灯的设置、移动和拆除费用；

3）夜间照明设备摊销及照明用电、施工人员夜班补助、夜间施工劳动效率降低等费用。

（3）非夜间施工照明费。非夜间施工照明费是指为保证工程施工正常进行，在地下室等特殊施工部位施工时所采用的照明设备的安拆、维护及照明用电等费用。

（4）二次搬运费。二次搬运费是指因施工管理需要或因场地狭小等原因，导致建筑材料、设备等不能一次搬运到位，必须发生的两次或多次搬运所需的费用。

（5）冬、雨（风）期施工增加费。冬、雨（风）期施工增加费是指因冬、雨（风）期天气原因导致施工效率降低加大投入而增加的费用，以及为确保冬、雨（风）期施工质量和安全而采取的保温、防雨等措施所需的费用。冬、雨（风）期施工增加费由以下各项组成：

1）冬、雨（风）期施工时增加的临时设施（防寒保温、防雨、防风设施）的搭设、拆除费用；

2）冬、雨（风）期施工时，对砌体、混凝土等采用的特殊加温、保温和养护措施费用；

3) 冬、雨（风）期施工时，施工现场的防滑处理、对影响施工的雨雪的清除费用；

4) 冬、雨（风）期施工时增加的临时设施、施工人员的劳动保护用品、冬雨（风）期施工劳动效率降低等费用。

（6）地上、地下设施和建筑物的临时保护设施费。在工程施工过程中，对已建成的地上、地下设施和建筑物进行的遮盖、封闭、隔离等必要保护措施所发生的费用。

（7）已完工程及设备保护费。竣工验收前，对已完工程及设备采取的覆盖、包裹、封闭、隔离等必要保护措施所发生的费用。

（8）脚手架费。脚手架费是指施工需要的各种脚手架搭、拆、运输费用以及脚手架购置费的摊销（或租赁）费用。脚手架费通常包括以下内容：

1) 施工时可能发生的场内、外材料搬运费用；

2) 搭、拆脚手架及斜道和上料平台费用；

3) 安全网的铺设费用；

4) 拆除脚手架后材料的堆放费用。

（9）混凝土模板及支架（撑）费。混凝土施工过程中需要的各种钢模板、木模板、支架等的支拆、运输费用及模板、支架的摊销（或租赁）费用。混凝土模板及支架（撑）费由以下各项组成：

1) 混凝土施工过程中需要的各种模板制作费用；

2) 模板安装、拆除、整理堆放及场内、外运输费用；

3) 清理模板黏结物及模内杂物、刷隔离剂等费用。

（10）垂直运输费。垂直运输费是指现场所用材料、机具从地面运至相应高度以及职工人员上下工作面等所发生的运输费用。垂直运输费由以下各项组成：

1) 垂直运输机械的固定装置、基础制作、安装费；

2) 行走式垂直运输机械轨道的铺设、拆除、摊销费。

（11）超高施工增加费。当单层建筑物檐口高度超过20m、多层建筑物超过6层时，可计算超高施工增加费，超高施工增加费由以下各项组成：

1) 建筑物超高引起的人工工效降低以及由于人工工效降低引起的机械降效费；

2) 高层施工用水加压水泵的安装、拆除及工作台班费；

3) 通信联络设备的使用及摊销费。

（12）大型机械设备进、出场及安拆费。机械整体或分件自停放场地运至施工现场或由一施工地点运至另一施工地点时，所发生的机械进出场运输和转移费用及机械在施工现场进行安装、拆卸所需的人工费、材料费、机具费、试运转费和安装所需的辅助设施的费用。

大型机械设备进、出场及安拆费由安拆费和进、出场费组成：

1）安拆费包括施工机械、设备在现场进行安装拆卸所需的人工、材料、机具和试运转费用以及机械辅助设施的折旧、搭设、拆除等费用；

2）进、出场费包括施工机械、设备整体或分件自停放地点运至施工现场或由一施工地点运至另一施工地点所发生的运输、装卸、辅助材料等费用。

（13）施工排水、降水费。施工排水、降水费是指将施工期间有碍施工作业和影响工程质量的水排到施工场地以外，以防止在地下水水位较高的地区开挖深基坑出现基坑浸水，使地基承载力下降，在动水压力作用下还可能引起流沙、管涌和边坡失稳等现象，因而必须采取有效的降水和排水措施费用。该项费用由成井和排水、降水两个独立的费用项目组成。

1）成井。成井的费用主要包括：

①准备钻孔机械、埋设护筒、钻机就位，泥浆制作、固壁，成孔、出渣、清孔等费用；

②对接上、下井管（滤管），焊接，安防，下滤料，洗井，连接试抽等费用。

2）排水、降水。排水、降水的费用主要包括：

①管道安装、拆除，场内搬运等费用；

②抽水、值班、降水设备维修等费用。

（14）其他。根据项目的专业特点或所在地区不同，可能会出现其他的措施项目。如工程定位复测费和特殊地区施工增加费等。

2．措施项目费的计算

按照有关专业工程量计算规范规定，措施项目分为应予计量的措施项目和不宜计量的措施项目两类。

（1）应予计量的措施项目。基本与分部分项工程费的计算方法基本相同，其计算公式为

$$措施项目费 = \Sigma（措施项目工程量 \times 综合单价） \quad (1-31)$$

不同的措施项目其工程量的计算单位是不同的，其主要内容如下：

1）脚手架费通常按建筑面积或垂直投影面积以"m^2"计算。

2）混凝土模板及支架（撑）费通常是按照模板与现浇混凝土构件的接触面积以"m^2"计算。

3）垂直运输费可根据不同情况用两种方法进行计算：按照建筑面积以"m^2"为单位计算；按照施工工期日历天数以"天"为单位计算。

4）超高施工增加费通常按照建筑物超高部分的建筑面积以"m^2"为单位计算。

5）大型机械设备进、出场及安拆费通常按照机械设备的使用数量以"台"为单位计算。

6）施工排水、降水费可分为两个不同的独立部分计算：成井费用通常按照设计图示尺寸以钻孔深度按"m"计算；排水、降水费用通常按照排、降水日历天数按

"昼夜"计算。

（2）不宜计量的措施项目。对于不宜计量的措施项目，通常用计算基数乘以费率的方法予以计算。

1）安全文明施工费。其计算公式为

$$安全文明施工费 = 计算基数 \times 安全文明施工费费率（\%） \quad (1-32)$$

计算基数应为定额基价（定额分部分项工程费+定额中可以计量的措施项目费）、定额人工费或定额人工费与施工机具使用费之和，其费率由工程造价管理机构根据各专业工程的特点综合确定。

2）其余不宜计量的措施项目。其余不宜计量的措施项目包括夜间施工增加费，非夜间施工照明费，二次搬运费，冬、雨期施工增加费，地上、地下设施和建筑物的临时保护设施费，已完工程及设备保护费等。其计算公式为

$$措施项目费 = 计算基数 \times 措施项目费费率（\%） \quad (1-33)$$

式（1-33）中的计算基数因为定额人工费或定额人工费与定额施工机具使用费之和，其费率由工程造价管理机构根据各专业工程特点和调查资料综合分析后确定。

（三）其他项目费

1. 暂列金额

暂列金额是指建设单位在工程量清单中暂定并包括在工程合同价款中的一笔款项。用于施工合同签订时尚未确定或者不可预见的所需材料、工程设备、服务的采购，施工中可能发生的工程变更、合同约定调整因素出现时，工程价款调整以及发生的索赔、现场签证确认等的费用。

暂列金额由建设单位根据工程特点，按有关计价规定估算，施工过程中由建设单位掌握使用，扣除合同价款调整后如有余额，归建设单位所有。

2. 计日工

计日工是指在施工过程中，施工单位完成建设单位提出的工程合同范围以外的项目或工作，按照合同中约定的单价计价形成的费用。

计日工由建设单位和施工单位按施工过程中形成的有效签证来计价。

3. 总承包服务费

总承包服务费是指总承包人为配合、协调建设单位进行的专业工程发包，对建设单位自行采购的材料、工程设备等进行保管以及施工现场管理、竣工资料汇总整理等服务所需的费用。

总承包服务费由建设单位在招标控制价中根据总包范围和有关计价规定编制，施工单位投标时自主报价，施工过程中按签约合同价执行。

（四）规费和税金

规费和税金的构成和计算与按费用构成要素划分建筑安装工程费用项目组成部分是相同的。

第四节 工程建设其他费用的构成

工程建设其他费用是指从工程筹建到工程竣工验收交付使用的整个建设期间，除建筑安装工程费用和设备、工器具购置费外，为保证工程建设顺利完成和交付使用后能够正常发挥效用而发生的一些费用。

一、土地使用费

任何一个建设项目都需要固定于一定地点与地面相连接，必须占用一定量的土地，也就必然要发生为获得建设用地而需支付的费用，这就是土地使用费。它是指通过划拨方式取得土地使用权而支付的土地征用及迁移补偿费，或者通过土地使用权出让方式取得土地使用权而支付的土地使用权出让金。

（一）土地取得的基本方式

建设用地的取得，是依法获取国有土地的使用权。根据《中华人民共和国城市房地产管理法》规定，获取国有土地使用权的基本方式有两种：一是出让方式；二是划拨方式。建设土地取得的其他方式还有租赁和转让。

1. 通过出让方式获取国有土地使用权

（1）国有土地使用权出让最高年限确定。国有土地使用权出让，是指国家将国有土地使用权在一定年限内出让给土地使用者，由土地使用者向国家支付土地使用权出让金的行为。土地使用权出让最高年限按下列用途确定：

1）居住用地为70年。

2）工业用地为50年。

3）教育、科技、文化、卫生、体育用地为50年。

4）商业、旅游、娱乐用地为40年。

5）综合或者其他用地为50年。

通过出让方式获取国有土地使用权又可以分成两种具体的方式：一是通过招标、拍卖、挂牌等竞争出让方式获取国有土地使用权；二是通过协议出让方式获取国有土地使用权。

（2）通过竞争出让方式获取国有土地使用权。具体的竞争方式又包括投标、竞拍和挂牌三种。按照国家相关规定，工业（包括仓储用地，但不包括采矿用地）、商业、旅游、娱乐和商品住宅等各类经营性用地，必须以招标、拍卖或者挂牌方式出让；上述规定以外用途的土地的供地计划公布后，同一块地有两个以上意向用地者的，也应当采用招标、拍卖或者挂牌方式出让。

（3）通过协议出让方式获取国有土地使用权。按照国家相关规定，出让国有土地使用权，除依照法律、法规和规章的规定采用招标、拍卖或者挂牌方式外，还可采取协议方式。以协议方式出让国有土地使用权的出让金不得低于按国家规定所确定的最低价。协议出让底价不得低于拟出让地块所在区域的协议出让最低价。

2. 通过划拨方式获取国有土地使用权

国有土地使用权划拨，是指县级以上人民政府依法批准，在土地使用者缴纳补偿、安置等费用后将该幅土地交付其使用，或者将土地使用权无偿交付给土地使用者使用的行为。国家对划拨用地有着严格的规定。下列建设用地，经县级以上人民政府依法批准，可以以划拨方式取得：

（1）国家机关用地和军事用地。

（2）城市基础设施用地和公益事业用地。

（3）国家重点扶持的能源、交通、水利等基础设施用地。

（4）法律、行政法规规定的其他用地。

依法以划拨方式取得土地使用权的，除法律、行政法规另有规定外，没有使用期限的限制。因企业改制、土地使用权转让或者改变土地用途等不再符合以上第（1）～（4）项内容的，应当实行有偿使用。

（二）土地征用及迁移补偿费

土地征用及迁移补偿费，是指建设项目通过划拨方式取得无限期的土地使用权，依照《中华人民共和国土地管理法》等规定所支付的费用，其总和一般不得超过被征土地年产值的20倍，土地年产值则按该地被征用前3年的平均产量和国家规定的价格计算。土地征用及迁移补偿费包括以下内容：

1. 土地补偿费。土地补偿费是对农村集体经济组织因土地被征用而造成的经济损失的一种补偿。征用耕地的补偿费，为该耕地被征用前三年平均年产值的6～10倍。征用其他土地的补偿费标准，由省、自治区、直辖市参照征用耕地的土地补偿费标准制定。征收无收益的土地，不予补偿。土地补偿费归农村集体经济组织所有。

2. 青苗补偿费和地上附着物补偿费。青苗补偿费是因征地时，对其正在生长的农作物受到损害而做出的一种赔偿。在农村实行承包责任制后，农民自行承包土地的青苗补偿费应付给本人，属于集体种植的青苗补偿费可纳入当年集体收益。凡在协商征地方案后抢种的农作物、树木等，一律不予补偿。地上附着物是指房屋、水井、树木、涵洞、桥梁、公路、水利设施、林木等地面建筑物、构筑物、附着物等。视协商征地方案前地上附着物价值与折旧情况确定，应根据"拆什么、补什么；拆多少，补多少，不低于原来水平"的原则确定。如附着物产权属于个人，则该项补助费付给个人。地上附着物的标准，由省、自治区、直辖市规定。

3. 安置补助费。安置补助费应支付给被征地单位和安置劳动力的单位，作为劳动力安置与培训的支出，以及作为不能就业人员的生活补助。征收耕地的安置补助费，按照需要安置的农业人口数计算。需要安置的农业人口数，按照被征收的耕地数量除以征地前被征收单位平均每人占有耕地的数量计算。每一个需要安置的农业人口的安置补助费标准，为该耕地被征收前三年平均年产值的4~6倍。但是，每公顷被征收耕地的安置补助费，最高不得超过被征收前三年平均年产值的15倍。土地补偿费和安置补助费，尚不能使需要安置的农民保持原有生活水平的，经省、自治区、直辖市人民政府批准，可以增加安置补助费。但是，土地补偿费和安置补助费的总和不得超过土地被征收前三年平均年产值的30倍。

4.新菜地开发建设基金。新菜地开发建设基金是指征用城市郊区商品菜地时支付的费用。这项费用交给地方财政，作为开发建设新菜地的投资。菜地是指城市郊区为供应城市居民蔬菜，连续3年以上常年种菜地或者养殖鱼、虾等的商品菜地和精养鱼塘。一年只种一茬或因调整茬口安排种植蔬菜的，均不作为需要收取开发基金的菜地。征用尚未开发的规划菜地，不缴纳新菜地开发建设基金。在蔬菜产销放开后，能够满足供应，不再需要开发新菜地的城市，不收取新菜地开发基金。

5.耕地占用税。耕地占用税是对占用耕地建房或者从事其他非农业建设的单位和个人征收的一种税收，目的是合理利用土地资源、节约用地，保护农用耕地。耕地占用税征收范围，不仅包括占用耕地，还包括占用鱼塘、园地、菜地及其农业用地建房或者从事其他非农业建设，均按实际占用的面积和规定的税额一次性征收。其中，耕地是指用于种植农作物的土地。占用前三年曾用于种植农作物的土地也视为耕地。

6.土地管理费。土地管理费主要作为征地工作中所发生的办公、会议、培训、宣传、差旅、借用人员工资等必要的费用。土地管理费的收取标准，一般是在土地补偿费、青苗费、地上附着物补偿费、安置补助费四项费用之和的基础上提取2%~4%。如果是征地包干，还应在四项费用之和后再加上粮食价差、副食补贴、不可预见费等费用，在此基础上提取2%~4%作为土地管理费。

（三）拆迁补偿费用

在城市规划区内国有土地上实施房屋拆迁，拆迁人应当对被拆迁人给予补偿、安置。

1.拆迁补偿金。拆迁补偿金的方式可以实行货币补偿，也可以实行房屋产权调换。

（1）货币补偿的金额，根据被拆迁房屋的区位、用途、建筑面积等因素，以房地产市场评估价格确定。具体办法由省、自治区、直辖市人民政府制定。

（2）实行房屋产权调换，拆迁人与被拆迁人按照计算得到的被拆迁房屋的补偿金额和所调换房屋的价格，结清产权调换的差价。

2.搬迁、安置补助费。拆迁人应当对被拆迁人或者房屋承租人支付搬迁补助费，对于在规定的搬迁期限届满前搬迁的，拆迁人可以付给提前搬家奖励费；在过渡期限内，被拆迁人或者房屋承租人自行安排住处的，拆迁人应当支付临时安置补助费；被拆迁人或者房屋承租人使用拆迁人提供的周转房的，拆迁人不支付临时安置补助费。

搬迁补助费和临时安置补助费的标准，由省、自治区、直辖市人民政府规定。有些地区规定,拆除非住宅房屋,造成停产、停业引起经济损失的,拆迁人可以根据被拆除房屋的区位和使用性质,按照一定标准给予一次性停产停业综合补助费。

(四) 出让金、土地转让金

土地使用权出让金为用地单位向国家支付的土地所有权收益,出让金标准一般参考城市基准地价并结合其他因素制定。基准地价由市土地管理局会同市物价局、市国有资产管理局、市房地产管理局等部门综合平衡后报市级人民政府审核通过,它以城市土地综合定级为基础,用某一地价或地价幅度表示某一类别用地在某一土地级别范围的地价,以此作为土地使用权出让价格的基础。

在有偿出让和转让土地时,政府对地价不做统一规定,但应坚持以下原则:即地价对目前的投资环境不产生大的影响;地价与当地的社会经济承受能力相适应;地价要考虑已投入的土地开发费用、土地市场供求关系、土地用途、所在区内、容积率和使用年限等。有偿出让和转让使用权,要向土地受让者征收契税;转让土地如有增值,要向转让者征收土地增值税;土地使用者每年应按规定的标准缴纳土地使用费。土地使用权出让或转让,应先由地价评估机构进行价格评估后,再签订土地使用权出让和转让合同。

土地使用权出让合同约定的使用年限届满,土地使用者需要继续使用土地的,应当最迟于届满前一年申请续期,除根据社会公共利益需要收回该幅土地的,应当予以批准。经批准准予续期的,应当重新签订土地使用权出让合同,依照规定支付土地使用权出让金。

二、与项目建设有关的其他费用

根据项目的不同,与项目建设有关的其他费用的构成也不尽相同,在进行工程估算及概算中可根据实际情况进行计算。一般包括以下各项。

(一) 建设单位管理费

建设单位管理费是指建设项目从立项、筹建、建设、联合试运转、竣工验收、交付使用及后评估等全过程管理所需的费用。建设单位管理费包括以下几项:

1. 建设单位开办费。建设单位开办费是指新建项目为保证筹建和建设工作正常进行所需办公设备、生活家具、用具、交通工具等的购置费用。

2. 建设单位经费。建设单位经费包括工作人员的基本工资、工资性补贴、职工福利费、劳动保护费、劳动保险费、办公费、差旅交通费、工会经费、职工教育经费、固定资产使用费、工具用具使用费、技术图书资料费、生产人员招募费、工程招标费、合同契约公证费、工程质量监督检测费、工程咨询费、法律顾问费、审计费、业务招待费、排污费、竣工交付使用清理费及竣工验收费、后评估等费用,不包括应计入设备、材料预算价格的建设单位采购及保管设备材料所需的费用。

建设单位管理费按照单项工程费用之和(包括设备工、器具购置费和建筑安装工程费用）乘以建设单位管理费费率计算。

建设单位管理费=工程费用×建设单位管理费费率 （1-34）

建设单位管理费费率按照建设项目的不同性质、规模来确定。有的建设项目按照建设工期和规定的金额计算建设单位管理费。

（二）勘察设计费

勘察设计费是指为本建设项目提供项目建议书、可行性研究报告及设计文件等所需费用。勘察设计费包括以下几项：

1. 编制项目建议书、可行性研究报告及投资估算、工程咨询、工程评价以及为编制上述文件所进行勘察、设计、研究试验等所需费用。

2. 委托勘察、设计单位进行初步设计、施工图设计及概预算编制等所需费用。

3. 在规定范围内由建设单位自行完成的勘察、设计工作所需费用。

勘察设计费中，项目建议书、可行性研究报告按国家颁布的收费标准计算。设计费按国家颁布的工程设计收费标准计算；勘察费一般民用建筑6层以下的按 $3\sim5$ 元$/m^2$ 计算，高层建筑按 $8\sim10$ 元$/m^2$ 计算，工业建筑按 $10\sim12$ 元$/m^2$ 计算。

（三）研究试验费

研究试验费是指为建设项目提供和验证设计参数、数据、资料等所进行的必要的试验费用，以及设计规定在施工中必须进行的试验、验证所需费用。它包括自行或委托其他部门研究试验所需的人工费、材料费、试验设备及仪器使用费等。这项费用按照设计单位根据本工程项目的需要提出的研究试验内容和要求计算。

（四）专项评价及验收费

专项评价及验收费包括环境影响评价费、安全预评价及验收费、职业病危害预评价及控制效果评价费、地震安全性评价费、地质灾害危险性评价费、水土保持评价及验收费、压覆矿产资源评价费、节能评估及评审费、危险与可操作性分析及安全完整性评价费以及其他专项评价及验收费。按照国家发展改革委关于《进一步放开建设项目专业服务价格的通知》（发改价格〔2015〕299号）规定，这些专项评价及验收费用均实行市场调节价。

1. 环境影响评价费。环境影响评价费是指在工程项目投资决策过程中，对其进行环境污染或影响评价所需的费用。它包括编制环境影响报告书（含大纲）、环境影响报告表和评估等所需的费用，以及建设项目竣工验收阶段环境保护验收调查和环境监测、编制环境保护验收报告的费用。

2. 安全预评价及验收费。安全预评价及验收费是指为预测和分析建设项目存在的危害因素种类和危险危害程度，提出先进、科学、合理可行的安全技术和管理对策，而编制评价大纲、编写安全评价报告书和评估等所需的费用，以及在竣工阶段验收时所发生的费用。

3. 职业病危害预评价及控制效果评价费。职业病危害预评价及控制效果评价费是指建设项目可能产生职业病危害，而编制职业病危害预评价书、职业病危害控制效果评价书和评估所需的费用。

4. 地震安全性评价费。地震安全性评价费是指通过对建设场地和场地周围的地震活动与地震、地质环境的分析，而进行的地震活动环境评价、地震地质构造评价、地震地质灾害评价，编制地震安全评价报告书和评估所需的费用。

5. 地质灾害危险性评价费。地质灾害危险性评价费是指在灾害易发区对建设项目可能诱发的地质灾害和建设项目本身可能遭受的地质灾害危险程度的预测评价，编制评价报告书和评估所需的费用。

6. 水土保持评价及验收费。水土保持评价及验收费是指对建设项目在生产建设过程中可能造成水土流失进行预测，编制水土保持方案和评估所需的费用，以及在施工期间的监测、竣工阶段验收时所发生的费用。

7. 压覆矿产资源评价费。压覆矿产资源评价费是指对需要压覆重要矿产资源的建设项目，编制压覆重要矿产评价和评估所需的费用。

8. 节能评估及评审费。节能评估及评审费是指对建设项目的能源利用是否科学合理进行分析评估，并编制节能评估报告以及评估所发生的费用。

9. 危险与可操作性分析及安全完整性评价费。危险与可操作性分析及安全完整性评价费是指对应用于生产中具有流程性工艺特征的新建、改建、扩建项目进行工艺危害分析和对安全仪表系统的设置水平及可靠性进行定量评估所发生的费用。

10. 其他专项评价及验收费。其他专项评价及验收费是指根据国家法律法规，建设项目所在省、直辖市、自治区人民政府有关规定，以及行业规定需进行的其他专项评价、评估、咨询和验收所需的费用。如重大投资项目社会稳定风险评估、防洪评价等。

（五）场地准备及临时设施费

1. 场地准备及临时设施费包括如下内容：

（1）建设项目场地准备费是指为使工程项目的建设场地达到开工条件，由建设单位组织进行的场地平整等准备工作而发生的费用。

（2）建设单位临时设施费是指建设单位为满足工程项目建设、生活、办公的需要，用于临时设施的建设、维修、租赁、使用所发生或摊销的费用。

2. 场地准备及临时设施费的计算。

（1）场地准备及临时设施应尽量与永久性工程统一考虑。建设场地的大型土石方工程应计入工程费用中的总图运输费用中。

（2）新建项目的场地准备和临时设施费应根据实际工程量估算，或按工程费用的比例计算。改扩建项目一般只计拆除清理费。其计算公式为

场地准备和临时设施费=工程费用×费率+拆除清理费 （1-35）

（3）发生拆除清理费时可按新建同类工程造价或主材费、设备费的比例计算。凡可回收材料的拆除工程采用以料抵工的方式冲抵拆除清理费。

（4）此项费用不包括已列入建筑安装工程费用中的施工单位临时设施费用。

（六）工程保险费

工程保险费是指建设项目在建设期间根据需要实施工程保险所需的费用。它包括以各种建筑工程及其在施工过程中的物料、机器设备为保险标的建筑工程一切险，以安装工程中的各种机器、机械设备为保险标的安装工程一切险，以及机器损坏保险等。工程保险费根据不同的工程类别，分别以其建筑、安装工程费乘以建筑、安装工程保险费费率计算。民用建筑（住宅楼、综合性大楼、商场、旅馆、医院、学校）占建筑工程费的2‰～4‰，其他建筑（工业厂房、仓库、道路、码头、水坝、隧道、桥梁、管道等）占建筑工程费的3‰～6‰，安装工程（农业、工业、机械、电子、电器、纺织、矿山、石油、化学及钢铁工业、钢结构桥梁）占建筑工程费的3‰～6‰。

（七）引进技术和引进设备其他费

引进技术和引进设备其他费是指引进技术和设备发生的但未计入设备购置费中的费用。

1. 引进项目图纸资料翻译复制费、备品备件测绘费。可根据引进项目的具体情况计列或按引进货价（FOB）的比例估列；引进项目发生备品备件测绘费时按具体情况估列。

2. 出国人员费用。出国人员费用包括买方人员出国设计联络，出国考察，联合设计、监造、培训等所发生的差旅费、生活费等。依据合同或协议规定的出国人次、期限以及相应的费用标准计算。生活费按照财政部、外交部规定的现行标准计算，差旅费按中国民航公布的票价计算。

3. 来华人员费用。来华人员费用包括卖方来华工程技术人员的现场办公费用、往返现场交通费用、接待费用等。依据引进合同或协议有关条款及来华技术人员派遣计划进行计算。来华人员接待费用可按每人次费用指标计算。引进合同价款中已包括的费用内容不得重复计算。

4. 银行担保及承诺费。引进项目由国内、外金融机构出面承担风险和责任担保所发生的费用，以及支付贷款机构的承诺费用。应按担保或承诺协议计取，投资估算和概算编制时可以担保金额或承诺金额为基数乘以费率计算。

（八）特殊设备安全监督检验费

特殊设备安全监督检验费是指安全监察部门对在施工现场组装的锅炉挤压力容器、压力管道、消防设备、燃气设备、电梯等特殊设备和设施实施安全检验收取的费用。此项费用按照建设项目所在省（市、自治区）安全监察部门的规定标准计算。无具体规定的,在编制投资估算和概算时可按受检设备现场安装费的比例估算。

(九) 市政公用设施费

市政公用设施费是指使用市政公用设施的工程项目,按照项目所在地省级人民政府有关规定建设或缴纳的市政公用设施建设配套费用以及绿化工程补偿费用。此项费用按工程所在地人民政府规定标准计列。

三、与未来生产经营有关的其他费用

(一) 联合试运转费

联合试运转费是指新建企业或改建、扩建企业在工程竣工验收前,按照设计的生产工艺流程和质量标准对整个企业进行联合试运转所发生的费用支出与联合试运转期间的收入部分的差额部分。联合试运转费一般根据不同性质的项目按需进行试运转的工艺设备购置费的百分比计算。

(二) 专利及专有技术使用费

1. 专利及专有技术使用费的主要内容。

(1) 国外设计及技术资料费、引进有效专利、专有技术使用费和技术保密费。

(2) 国内有效专利、专有技术使用费用。

(3) 商标权、商誉和特许经营权费等。

2. 专利及专有技术使用费的计算。

在专利及专有技术使用费计算时,应注意以下问题:

(1) 按专利使用许可协议和专有技术使用合同的规定计列。

(2) 专有技术的界定应以省、部级鉴定批准为依据。

(3) 项目投资中只计算需在建设期支付的专利及专有技术使用费。协议或合同规定在生产期支付的使用费应在生产成本中核算。

(4) 一次性支付的商标权、商誉及特许经营权费按协议或合同规定计列。协议或合同规定在生产期支付的商标权或特许经营权费应在生产成本中核算。

(5) 为项目配套的专用设施投资,包括专用铁路线、专用公路、专用通信设施、送变电站、地下管道、专用码头等,如由项目建设单位负责投资但产权不归属本单位的,应作无形资产处理。

(三) 办公和生活家具购置费

办公和生活家具购置费是指为保证新建、改建、扩建项目初期正常生产、使用和管理所必须购置的办公和生活家具、用具的费用。改建、扩建项目所需的办公和生活用具购置费,应低于新建项目。其范围包括办公室、会议室、资料档案室、阅览室、文娱室、食堂、浴室、理发室、单身宿舍和设计规定必须建设的托儿所、卫生所、招待所、中小学校等家具用具购置费。这项费用按照设计定员人数乘以综合指标计算,一般为 600～800 元/人。

第五节 预备费和建设期利息的计算

一、预备费

按我国现行规定,预备费包括基本预备费和价差预备费。

(一) 基本预备费

基本预备费是指在初步设计及概算内难以预料的工程费用,其包括以下几点:

1. 在批准的初步设计范围内,技术设计、施工图设计及施工过程中所增加的工程费用;设计变更、局部地基处理等增加的费用。

2. 一般自然灾害造成的损失和预防自然灾害所采取的措施费用。实行工程保险的工程项目的此项费用应适当降低。

3. 竣工验收时为鉴定工程质量对隐蔽工程进行必要的挖掘和修复费用。

基本预备费是按设备及工、器具购置费,建筑安装工程费用和工程建设其他费用三者之和为计取基础,乘以基本预备费费率进行计算。其计算公式为

基本预备费=(设备及工、器具购置费+建筑安装工程费用+工程建设其他费用)×基本预备费费率 (1-36)

基本预备费费率的取值应执行国家及部门的有关规定。

(二) 价差预备费

价差预备费是指建设项目在建设期间内,由于利率、汇率或价格等因素的变化而预留的可能增加的费用,也称为价格变动不可预见费。其费用内容包括:人工、设备、材料、施工机具的价差费,建筑安装工程费及工程建设其他费用调整,利率、汇率调整等增加的费用。

价差预备费的测算方法,一般根据国家规定的投资综合价格指数,按估算年份价格水平的投资额为基数,采用复利方法计算。其计算公式为

$$PF = \sum_{t=1}^{n} I_t [(1+f)^m (1+f)^{0.5} (1+f)^{t-1} - 1] \qquad (1-37)$$

式中 PF——价差预备费估算额;

n——建设期年份数;

I_t——建设期中第 t 年的投资计划额,包括工程费用、工程建设其他费用及基本预备费,即第 t 年的静态投资;

f——年均投资价格上涨率。

m——建设前期年限(从编制估算到开放建设,单位:年)

二、建设期利息

建设期贷款利息包括向国内银行和其他非银行金融机构贷款、出口信贷、外国政府贷款、国际商业银行贷款以及在境内、外发行的债券等，在建设期间内应偿还的借款利息。

当总贷款是分年均衡发放时，建设期利息的计算可按当年借款在年中支用考虑，即当年贷款按半年计息，上年贷款按全年计息。其计算公式为

$$q_j = \left(P_{j-1} + \frac{1}{2}A_j\right) \cdot i \tag{1-38}$$

式中 q_j——建设期第 j 年应计利息；

P_{j-1}——建设期第（j-1）年年末贷款累计金额与利息累计金额之和；

A_j——建设期第 j 年贷款金额；

i——年利率。

在国外贷款利息的计算中，还应包括国外贷款银行根据贷款协议，向贷款方以年利率的方式收取的手续费、管理费、承诺费，以及国内代理机构经国家主管部门批准的以年利率的方式向贷款单位收取的转贷费、担保费和管理费等。

第二章 工程建设项目计价方法及依据

第一节 工程计价的方法

一、工程计价的概念

工程计价就是指计算建筑工程造价。建筑工程造价即建筑工程产品的价格。

工程项目造价有两层含义,第一层含义是指建设一项工程的预期开支或实际开支的全部固定资产投资费用。其包括设备及工器具购置费、建筑安装工程费、工程建设其他预备费、建设期贷款利息和固定资产投资方向调节税费用。第二层含义是从发承包的角度来定义,工程造价就是工程发承包价格。对于发包方和承包方来说,就是工程发承包范围以内的建造价格。建设项目总发承包有建设项目工程造价,某单项工程的建设任务的发承包有该单项工程的建筑安装工程造价,某工程二次装饰分包有工程造价等。

二、工程计价方法

由于建筑产品价格的特殊性,与一般工业产品价格的计价方法相比,工程造价采用了特殊的计价方法,即按定额计价法和按工程量清单计价法。

(一) 定额计价法

定额计价法又称为施工图预算法,是在我国计划经济时期及计划经济向市场经济转型时期所采用的行之有效的计价方法。

定额计价法中的人工费、材料费和机械台班使用费,是分部分项工程的不完全价格。我国有以下两种计价方式:

1. 单位估价法。单位估价法是根据国家或地方颁布的统一预算定额规定的消耗量及其单价,以及配套的取费标准和材料预算价格,根据施工图纸计算出相应的工程数量,套用相应的定额单价计算出定额直接费,再在直接费的基础上计算各种相关费用及利润和税金,最后汇总形成建筑产品的造价。用公式表示为

建筑工程造价=[Σ(工程量×定额单价)×(1+各种费用的费率+利润率)]×(1+税金率)   (2-1)

装饰安装工程造价=[Σ(工程量×定额单价)+Σ(工程量×定额人工费单价)×(1+各种费用的费率+利润率)]×(1+税金率)   (2-2)

2. 实物估价法。实物估价法是先根据施工图纸计算工程量,然后套基础定额,计算人工、材料和机械台班消耗量和所有的分部分项工程资源消耗量进行归类汇总,再根据当时、当地的人工、材料、机械单价,计算并汇总人工费、材料费、机械使用费,得出分部分项工程直接费。在此基础上再计算其他直接费、间接费、利润和税金,将直接费与上述费用相加,即可得到单位工程造价(价格)。

预算定额是国家或地方统一颁布的,视为地方经济法规,必须严格遵照执行。在一般概念上讲,尽管计算依据不同,只要不出现计算错误,其计算结果是相同的。

按定额计价方法确定建筑工程造价,由于有预算定额规范消耗量和各种文件规定人工、材料、机械单价及各种取费标准,在一定程度上避免了高估冒算和压级压价,体现了工程造价的规范性、统一性和合理性。但对市场竞争起到了抑制作用,不利于促进施工企业改进技术、加强管理、提高劳动效率和市场竞争力。因此,出现了另一种计价方法——工程量清单计价方法。

(二) 工程量清单计价法

工程量清单计价法,是我国在2003年提出的一种与市场经济相适应的投标报价方法,这种计价法是由国家统一项目编码、项目名称、计量单位和工程量计算规则("四统一"),由各施工企业在投标报价时根据企业自身的技术装备、施工经验、企业成本、企业定额、管理水平、企业竞争目的及竞争对手情况自主填报单价而进行报价的方法。

工程量清单计价法的实施,实质上是建立了一种强有力且行之有效的竞争机制,由于施工企业在投标竞争中必须报出合理低价才能中标,所以,对促进施工企业改进技术、加强管理、提高劳动效率和市场竞争力起到积极的推动作用。

按照工程量清单计价规范规定,在各相应专业工程计量规范规定的工程量清单项目设置和工程量计算规则基础上,针对具体工程的施工图纸和施工组织设计计算出各个清单项目的工程量,根据规定的方法计算出综合单价,并汇总各清单合价得出工程总价。即

(1) 分部分项工程费=Σ(分部分项工程量×相应分部分项综合单价)。

(2) 措施项目费=Σ各措施项目费。

(3) 其他项目费=暂列金额+暂估价+计日工+总承包服务费。

(4) 单位工程报价=分部分项工程费+措施项目费+其他项目费+规费+税金。

(5) 单项工程报价=Σ 单位工程报价。

(6) 建设项目总报价=Σ 单项工程报价。

式中，综合单价是指完成一个规定清单项目所需的人工费、材料和工程设备费、施工机具使用费和企业管理费、利润以及一定范围内的风险费用。

三、工程计价标准和依据

工程计价标准和依据包括计价活动的相关规章规程、工程量清单计价和工程量计算规范、工程定额和相关造价信息等。

从目前我国现状来看，工程定额主要作为国有资金投资工程编制投资估算、设计概算和最高投标限价（招标控制价）的依据，对于其他工程，在项目建设前期各阶段可以用于建设投资的预测和估计，在工程建设交易阶段，工程定额可以作为建设产品价格形成的辅助依据。工程量清单计价依据主要适用于合同价格形成以及后续的合同价款管理阶段。计价活动的相关规章规程则根据其具体内容可能适用于不同阶段的计价活动。造价信息是计价活动所必需的依据。

（一）计价活动的相关规章规程

现行计价活动相关的规章规程主要包括国家标准：《工程造价术语标准》（GB/T50875-2013）、《建筑工程建筑面积计算规范》（GB/T50353-2013）和《建设工程造价咨询规范》（GB/T51095-2015），以及中国建设工程造价管理协会标准：建设项目投资估算编审规程、建设项目设计概算编审规程、建设项目施工图预算编审规程、建设工程招标控制价编审规程、建设项目工程结算编审规程、建设项目工程竣工决算编制规程、建设项目全过程造价咨询规程、建设工程造价咨询成果文件质量标准、建设工程造价鉴定规程、建设工程造价咨询工期标准等。

（二）工程量清单计价和工程量计算规范

工程量清单计价和工程量计算规范由《建设工程工程量清单计价规范》（GB50500-2013）(以下简称"13计价规范"）、《房屋建筑与装饰工程工程量计算规范》（GB50854-2013）、《仿古建筑工程工程量计算规范》（GB50855-2013）、《通用安装工程工程量计算规范》（GB50856-2013）、《市政工程工程量计算规范》（GB50857-2013）、《园林绿化工程工程量计算规范》（GB50858-2013）、《矿山工程工程量计算规范》（GB50859-2013）、《构筑物工程工程量计算规范》（GB50860-2013）、《城市轨道交通工程工程量计算规范》（GB50861-2013）、《爆破工程工程量计算规范》（GB50862-2013）（这九本计算规范简称"13计量规范"）等组成。

（三）工程定额

工程定额主要是指国家、地方或行业主管部门制定的各种定额，它包括工程消耗量定额和工程计价定额等。工程消耗量定额主要是指完成规定计量单位的合格建筑安装产品所消耗的人工、材料、施工机具台班的数量标准。工程计价定额是指直接用于工程计价的定额或指标，它包括预算定额、概算定额、概算指标和投资估算指标。另外，部分地区和行业造价管理部门还会颁布工期定额，工期定额是指在正常的施工技术和组织条件下，完成建设项目和各类工程建设投资费用的计价依据。

（四）工程造价信息

工程造价信息是指工程造价管理机构发布的建设工程人工、材料、工程设备、施工机具的价格信息，以及各类工程的造价指数、指标等。

第二节 工程量清单计价及工程量计算规范

工程量清单表示的是建设工程的分部分项工程项目、措施项目、其他项目的名称和相应数量以及规费、税金项目等内容的明细清单。在建设工程发承包及实施过程的不同阶段，又可分别称为"招标工程量清单""已标价工程量清单"等。

一、工程量清单计价和计量规范概述

（一）工程量清单计价和计量规范的组成

"13计价规范"包括总则、术语、一般规定、招标工程量清单、招标控制价、投标报价、合同价款约定、工程计量、合同价款调整、合同价款期中支付、竣工结算与支付、合同解除的价款结算与支付、合同价款争议的解决、工程计价资料与档案、计价表格及11个附录。

各专业工程量计量规范包括总则、术语、工程计量、工程量清单编制和附录。

（二）工程量清单计价的适用范围

使用国有资金投资的建设工程的发承包，必须采用工程量清单计价；非国有资金投资的建设工程，"13计价规范"鼓励采用工程量清单计价方式，但是否采用，由项目业主自主确定；不采用工程量清单计价的建设工程，应执行"13计价规范"中除工程量清单等专门性规定外的其他规定。

根据"13计价规范"的规定，国有资金投资的工程建设项目包括使用国有资金投资和国家融资投资的工程建设项目。

1. 使用国有资金投资的项目的范围包括：

（1）使用各级财政预算资金的项目。

（2）使用纳入财政管理的各种政府性专项建设资金的项目。

（3）使用国有企事业单位自有资金，并且国有资产投资者实际拥有控制权的项目。

2.国家融资项目的范围包括:

(1) 使用国家发行债券所筹资金的项目。

(2) 使用国家对外借款或者担保所筹资金的项目。

(3) 使用国家政策性贷款的项目。

(4) 国家授权投资主体融资的项目。

(5) 国家特许的融资项目。

国有资金(含国家融资资金)为主的工程建设项目是指国有资金占投资总额的50%以上,或虽不足50%但国有投资者实质上拥有控股权的工程建设项目。

二、分部分项工程项目清单

分部分项工程是分部工程与分项工程的总称。分部工程是单位工程的组成部分,是按结构部位及施工特点或施工任务将单位工程划分为若干分部工程。如房屋建筑与装饰工程分为土石方工程,桩基工程,砌筑工程,混凝土及钢筋混凝土工程,门窗工程,楼地面装饰工程,天棚工程,油漆、涂料、裱糊工程等分部工程。分项工程是分部工程的组成部分,是按不同施工方法、材料、工序等将分部工程分为若干个分项或项目的工程。如天棚工程可分为天棚抹灰、天棚吊顶、采光天棚、天棚其他装饰等分项工程。

分部分项工程项目清单必须载明项目编码、项目名称、项目特征描述、计量单位和工程量,这五个要件在分部分项工程项目清单的组成中缺一不可。分部分项工程项目清单必须根据各专业工程计量规范规定的五要件进行编制,其格式见表2-1。分部分项工程和单价措施项目清单与计价表不只是编制招标工程量清单的表式,也是编制招标控制价、投标价和竣工结算的最基本用表。

表2-1 分部分项工程和单价措施项目清单与计价表

工程名称: 标段: 第 页 共 页

序号	项目编码	项目名称	项目特征描述	计量单位	工程量	金额/元		
						综合单价	合价	其中暂估价
本页小计								
合计								
注:为计取规费等使用,可在表中增设其中:"定额人工费"。								

(一) 项目编码

项目编码是分部分项工程和措施项目清单名称的阿拉伯数字标识。清单项目编码以五级编码设置,用十二位阿拉伯数字表示。一、二、三、四级编码为全国统一,即一至九位应按"13 计量规范"附录的规定设置;第五级即十至十二位为清单项目编码,应根据拟建工程的工程量清单项目名称设置,不得有重号,这三位清单项目编码由招标人针对招标工程项目具体编制,并应自 001 起顺序编制。

各级编码代表的含义如下:

(1) 第一级表示专业工程代码(分二位);
(2) 第二级表示附录分类顺序码(分二位);
(3) 第三级表示分部工程顺序码(分二位);
(4) 第四级表示分项工程项目名称顺序码(分三位);
(5) 第五级表示清单项目名称顺序码(分三位)。

项目编码结构如图 2-1 所示(以房屋建筑与装饰工程为例)。

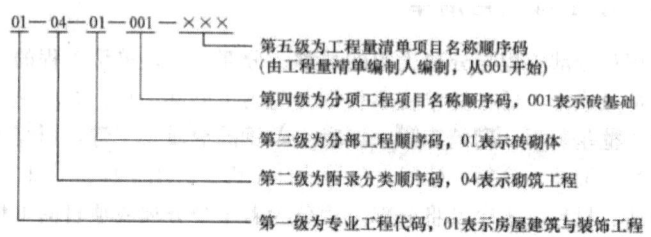

图 2-1 工程量清单项目编码结构图

当同一标段(或合同段)的一份工程量清单中含有多个单位工程且工程量清单,并以单位工程为编制对象时,在编制工程量清单时应特别注意对项目编码十至十二位的设置不得有重码的规定。例如,一个标段(或合同段)的工程量清单中含有三个单位工程,每一单位工程中都有项目特征相同的实心砖墙砌体,在工程量清单中又需反映三个不同单位工程的实心砖墙砌体工程量时,则第一个单位工程的实心砖墙的项目编码应为 010401003001,第二个单位工程的实心砖墙的项目编码应为 010401003002,第三个单位工程的实心砖墙的项目编码应为 010401003003,并分别列出各单位工程实心砖墙的工程量。

(二) 项目名称

分部分项工程项目清单的项目名称应按"13 计量规范"附录的项目名称结合拟建工程的实际确定。附录表中的"项目名称"为分项工程项目名称,是形成分部分项工程项目清单项目名称的基础。即在编制分部分项工程项目清单时,以附录中的分项工程项目名称为基础,考虑该项目的规格、型号、材质等特征要求,结合拟建工程的实际情况,使其工程量清单项目名称具体化、细化,以反映影响工程造价的主要因素。如"门窗工程"中"特种门"应区分"冷藏门""冷冻闸门""保温门""变电室门"

"隔声门""防射线门""人防门""金库门"等。清单项目名称应表达详细、准确，各专业工程量计算规范中的分项工程项目名称如有缺陷，招标人可作补充，并报当地工程造价管理机构（省级）备案。

（三）项目特征

项目特征是构成分部分项工程项目、措施项目自身价值的本质特征。项目特征是对项目的准确描述，是确定一个清单项目综合单价不可缺少的重要依据，是区分清单项目的依据，是履行合同义务的基础。分部分项工程项目清单的项目特征应按"13计量规范"附录中规定的项目特征，结合技术规范、标准图集、施工图纸，按照工程结构、使用材质及规格或安装位置等，予以详细而准确的表述和说明。凡是项目特征中未描述到的其他独有特征，由清单编制人视项目具体情况确定，以准确描述清单项目为准。

在"13计量规范"附录中还有关于各清单项目"工程内容"的描述。工程内容是指完成清单项目可能发生的具体工作和操作程序，但应注意的是，在编制分部分项工程项目清单时，工程内容通常无须描述，因为在"13计量规范"中，工程量清单项目与工程量计算规则、工程内容上有一对应关系，当采用"13计量规范"这一标准时，工程内容均有规定。

（四）计量单位

分部分项工程量清单的计量单位应按"13计量规范"附录中的规定确定。如装饰装修工程应按《房屋建筑与装饰工程工程量计算规范》（GB50854-2013）附录中规定的计量单位确定。规范中的计量单位均为基本单位，与定额中所采用的基本单位扩大一定的倍数不同。如质量以"t"或"kg"为单位，长度以"m"为单位，面积以"m^2"为单位，体积以"m^3"为单位，自然计量的以"个、件、套、组、樘"为单位。当计量单位有两个或两个以上时，应根据所编工程量清单项目的特征要求，选择最适宜表现该项目特征并方便计量的单位。如门窗工程有"樘"和"m^2"两个计量单位，实际工作中，就应该选择最适宜、最方便计量的单位来表示。

不同的计量单位汇总后的有效位数也不同，根据《房屋建筑与装饰工程工程量计算规范》（GB50854-2013）规定，工程计量时每一项目汇总的有效位数应遵守下列规定：

1. 以"t"为计量单位的应保留小数点后三位，第四位小数四舍五入。

2. 以"m^3""m^2""m""kg"为计量单位，应保留小数点后两位，第三位小数四舍五入。

3. 以"樘""个"等为计量单位的应取整数。

（五）工程量计算

分部分项工程量清单中所列工程量应按"13计量规范"附录中规定的工程量计算

规则计算，这一计算方法避免了因施工方案不同而造成计算的工程量大小各异的情况，为各投标人提供了一个公平的平台。

随着工程建设中新材料、新技术、新工艺等的不断涌现，"13计量规范"附录所列的工程量清单项目不可能包含所有项目。在编制工程量清单时，当出现"13计量规范"附录中未包括的清单项目时，编制人应作补充，并报省级或行业工程造价管理机构备案，省级或行业工程造价管理机构应汇总并报住房和城乡建设部标准定额研究所。

工程量清单项目的补充应涵盖项目编码、项目名称、项目描述、计量单位、工程量计算规则以及包含的工作内容，按"13计量规范"附录中相同的列表方式表述。

补充项目的编码由专业工程代码（工程量计算规范代码）与B和三位阿拉伯数字组成，并应从××B001起顺序编制，同一招标工程的项目不得重码。

三、措施项目清单

措施项目清单应根据"13计量规范"的规定编制，并应根据拟建工程的实际情况列项。

措施项目费用的发生与使用时间、施工方法或两个以上的工序相关，并大都与实际完成的实体工程量的大小关系不大，如安全文明施工，夜间施工，非夜间施工照明，二次搬运，冬雨期施工，地上地下设施、建筑物的临时保护设施，已完工程及设备保护等。措施项目中不能计算工程量的清单，以"项"为计量单位进行编制，见表2-2。

表2-2　总价措施项目清单与计价表

序号	项目编码	项目名称	计算基础	费率/%	金额/元	调整费率/%	调整后金额/元	备注
		安全文明施工费						
		夜间施工增加费						
		二次搬运费						
		冬雨期施工增加费						
		已完工程及设备保护费						
	合计							

编制人（造价人员）：　　复核人（造价工程师）：

注：1."计算基础"中安全文明施工费可为"定额基价""定额人工费"或"定额人工费+定额机械费"，其他项目可为"定额人工费"或"定额人工费+定额机械费"。

2. 按施工方案计算的措施费，若无"计算基础"和"费率"的数值，也可只填"金额"数值，但应在备注栏说明施工方案出处或计算方法。

四、其他项目清单

其他项目清单应按照：暂列金额；暂估价，包括材料暂估单价、工程设备暂估单价、专业工程暂估价；计日工；总承包服务费列项。

（一）暂列金额

暂列金额是招标人在工程量清单中暂定并包括在合同价款中的一笔款项。清单计价规范中明确规定暂列金额用于施工合同签订时尚未确定或者不可预见的所需材料、设备、服务的采购，施工中可能发生的工程变更、合同约定调整因素出现时的工程价款调整以及发生的索赔、现场签证确认等费用。

不管采用何种合同形式，工程造价的理想标准是：一份合同的价格就是其最终的竣工结算价格，或者至少两者应尽可能接近。我国规定对政府投资工程实行概算管理，经项目审批部门批复的设计概算是工程投资控制的刚性指标，即使商业性开发项目也有成本的预先控制问题，否则，就无法相对准确预测投资的收益和科学合理地进行投资控制。但工程建设自身的特性决定了工程的设计需要根据工程进展不断地进行优化和调整，业主需求可能会随工程建设的进展出现变化，工程建设过程还会存在一些不能预见和不能确定的因素。消化这些因素必然会产生合同价格的调整，暂列金额正是为这类不可避免的价格调整而设立的，以便达到合理确定和有效控制工程造价的目标。

另外，暂列金额列入合同价格不等于属于承包人所有，即使是总价包干合同，也不等于列入合同价格的所有金额就属于承包人，是否属于承包人的应得金额取决于具体的合同约定，只有按照合同约定程序实际发生后，才能成为承包人的应得金额，纳入合同结算价款中。扣除实际发生金额后的暂列金额，余额仍属于发包人所有。设立暂列金额并不能保证合同结算价格不会再出现超过合同价格的情况，是否超出合同价格完全取决于工程量清单编制人暂列金额预测的准确性，以及工程建设过程是否出现了其他事先未预测到的事件。

暂列金额明细表格样式见表2-3。

表2-3 暂列金额明细表

工程名称： 标段： 第 页 共 页

序号	项目名称	计量单位	暂定金额/元	备注
1				
2				
3				
	合计			

注：此表由招标人填写，如不能详列，也可只列暂定金额总额，投标人应将上述暂列金额计入投标总价中。

（二）暂估价

暂估价是指从招标阶段直至签订合同协议，招标人在招标文件中提供的用于支付必然发生但暂时不能确定价格的材料以及专业工程的金额。暂估价类似于FIDIC合同条款中的Prime Cost Items，是在招标阶段预见肯定会发生，只是因为标准不明确或者需要由专业承包人完成，暂时无法确定的价格。暂估价数量和拟用项目应当结合工程量清单中的"暂估价表"予以补充说明。

为方便合同管理，需要纳入分部分项工程项目清单综合单价中的暂估价应只有材料、工程设备费，以方便投标人组价。

专业工程的暂估价应是综合暂估价，其包括除规费和税金外的管理费、利润等。总承包招标时，专业工程设计深度往往是不够的，一般需要交由专业设计人员设计，出于提高可建造性的考虑，按国际惯例，一般由专业承包人负责设计，以发挥其专业技能和专业施工经验的优势。这类专业工程交由专业分包人完成是国际工程的良好实践，目前，在我国工程建设领域的应用也已经比较普遍。公开、透明、合理地确定这类暂估价实际开支金额的最佳途径就是通过施工总承包人与工程建设项目招标人共同组织招标。

暂估价中的材料、工程设备暂估单价应根据工程造价信息或参照市场价格估算，列出明细表；专业工程暂估价应根据不同专业，按有关计价规定估算，列出明细表。暂估价可按照表2-4和表2-5的格式列出。

表2-4　材料（工程设备）暂估单价及调整表

工程名称：　　　　标段：　　　　　　　　　　　　第　页　共　页

序号	材料（工程设备）名称、规格、型号	计量单位	数量		暂估/元		确认/元		差额/元		备注
			暂估	确认	单价	合价	单价	合价	单价	合价	
合计											

注：此表由招标人填写"暂估单价"，并在备注栏说明暂估单价的材料、工程设备拟用在哪些清单项目上，投标人应将上述材料、工程设备暂估单价计入工程量清单综合单价报价中。

表2-5 专业工程暂估价及结算价表

工程名称： 标段： 第 页 共 页

序号	工程名称	工程内容	暂估金额/元	结算金额/元	差额±/元	备注
合计						

注：此表"暂估金额"由招标人填写，招标人应将"暂估金额"计入投标总价中。结算时按合同约定结算金额填写。

(三) 计日工

计日工是为解决现场发生的零星工作的计价而设立的，其为额外工作和变更的计价提供了一个方便快捷的途径。计日工适用于所谓的零星工作，一般是指合同约定之外的或者因变更而产生的、工程量清单中没有相应项目的额外工作，尤其是那些时间不允许事先商定价格的额外工作。计日工以完成零星工作所消耗的人工工时、材料数量、机械台班进行计量，并按照计日工表中填报的适用项目的单价进行计价支付。

国际上常见的标准合同条款中，大多数都设立了计日工（Day work）计价机制。但在我国以往的工程量清单计价实践中，由于计日工项目的单价水平一般要高于工程量清单项目的单价水平，因而经常被忽略。从理论上讲，由于计日工往往是用于一些突发性的额外工作，缺少计划性，承包人在调动施工生产资源方面难免会影响已经计划好的工作，生产资源的使用效率也有一定的降低，客观上会造成超出常规的额外投入。另外，其他项目清单中计日工往往是一个暂定的数量，其无法纳入有效的竞争。所以，合理的计日工单价水平一定要高于工程量清单的价格水平。为获得合理的计日工单价，发包人在其他项目清单中对计日工一定要给出暂定数量，并需要根据经验尽可能估算一个较接近实际的数量。

编制工程量清单时，"项目名称""计量单位""暂估数量"由招标人填写；编制招标控制价时，人工、材料、机械台班单价由招标人按有关计价规定填写并计算合价；编制投标报价时，人工、材料、机械台班单价由投标人自主确定，按已给暂估数量计算合价计入投标总价中。

计日工表格样式见表2-6。

表 2-6 计日工表

工程名称：　　　　标段：　　　　　　　　　　　　第　页　共　页

编号	项目名称	单位	暂定数量	实际数量	综合单价/元	合价/元	
						暂定	实际
一	人工						
1							
2							
3							
	人工小计						
二	材料						
1							
2							
3							
	材料小计						
三	施工机械						
1							
2							
3							
	施工机械小计						
四	企业管理费和利润						
	总计						

注：此表项目名称、暂定数量由招标人填写，编制招标控制价时，单价由招标人按有关规定确定；投标时，单价由投标人自主确定，按暂定数量计算合价并计入投标总价中；结算时，按发承包双方确定的实际数量计算合价。

（四）总承包服务费

总承包服务费是为了解决招标人在法律、法规允许的条件下进行专业工程发包以及自行供应材料、工程设备，并需要总承包人对发包的专业工程提供协调和配合服务，对甲方供给的材料、工程设备提供收、发和保管服务以及进行施工现场管理时发生的并向总承包人支付的费用。招标人应预计该项费用，并按投标人的投标报价向投标人支付该项费用。

总承包服务费应列出服务项目及其内容等。编制招标工程量清单时，招标人应将拟定进行专业分包的专业工程、自行采购的材料设备等决定清楚，填写项目名称、服务内容，以便投标人决定报价；编制招标控制价时，招标人按有关计价规定计价；编制投标报价时，由投标人根据工程量清单中的总承包服务内容，自主决定报价；办理竣工结算时，发承包双方应按承包人已标价工程量清单中的报价计算，发承包双方确定调整的，按调整后的金额计算。

总承包服务费计价表格样式见表2-7。

表2-7 总承包服务费计价表

工程名称： 标段： 第 页 共 页

序号	项目名称	项目价值/元	服务内容	计算基础	费率/%	金额/元
1	发包人发包专业工程					
2	发包人提供材料					
	合计		—	—		—

注：此表项目名称、服务内容由招标人填写，编制招标控制价时，费率及金额由招标人按有关计价规定确定；投标时，费率及金额由投标人自主报价，计入投标总价中。

五、规费、税金项目清单

根据住房和城乡建设部、财政部印发的《建筑安装工程费用项目组成》（建标〔2013〕44号）的规定，规费包括工程排污费、社会保险费（养老保险、失业保险、医疗保险、工伤保险、生育保险）、住房公积金。规费是政府和有关权力部门规定的必须缴纳的费用，编制人对《建筑安装工程费用项目组成》未包括的规费项目，在编制规费项目清单时应根据省级政府或省级有关权力部门的规定列项。

根据住房和城乡建设部、财政部印发的《建筑安装工程费用项目组成》的规定，目前我国税法规定应计入建筑安装工程造价的税种包括营业税、城市建设维护税、教育费附加和地方教育附加。如国家税法发生变化，税务部门依据职权增加了税种，应对税金项目清单进行补充。

规费、税金项目计价表格样式见表2-8。

表2-8 规费、税金项目计价表

工程名称： 标段： 第 页 共 页

序号	项目名称	计算基础	计算基数	计算费率/%	金额/元
1	规费	定额人工费			
1.1	社会保险费	定额人工费			
（1）	养老保险费	定额人工费			
（2）	失业保险费	定额人工费			

续表

序号	项目名称	计算基础	计算基数	计算费率/%	金额/元
（3）	医疗保险费	定额人工费			
（4）	工伤保险费	定额人工费			
（5）	生育保险费	定额人工费			
1.2	住房公积金	定额人工费			
1.3	工程排污费	按工程所在地环境保护部门收取标准，按实计入			
2	税金	分部分项工程费+措施项目费+其他项目费+规费-按规定不计税的工程设备金额			
		合计			
编制人：			复核人（造价工程师）：		

第三节　建筑安装工程人工、材料及机械台班定额消耗量

一、确定人工定额消耗量的基本方法

时间定额和产量定额是人工定额的两种表现形式。拟定出时间定额，也就可以计算出产量定额。

在全面分析各种影响因素的基础上，通过计时观察资料，可以获得定额的各种必须消耗时间。将这些时间进行归纳，有的是经过换算，有的是根据不同的工时规范附加，最后将各种定额时间加以综合和类比就是整个工作过程的人工消耗的时间定额。

（一）确定工序作业时间

根据计时观察资料的分析和选择，可以获得各种产品的基本工作时间和辅助工作时间，将这两种时间合并，称之为工序作业时间。它是各种因素的集中反映，决定着整个产品的定额时间。

1. 拟定基本工序时间

基本工序时间在必须消耗的工作时间所占的比重最大。在确定基本工作时间时，必须细致、精确。基本工作时间消耗一般应根据计时观察资料来确定。其做法是：首先确定工作过程每一组成部分的工时消耗，然后再总额出工作过程的工时消耗。如果组成部分的产量计量单位和工作过程的产品计量单位不符，就需先求出不同计量单位的换算系数，进行产品计量单位的换算，然后再相加，求得工作过程的工时消耗。

（1）各组成部分与最终产品单位一致时的基本工作时间计算。此时，单位产品基

本工作时间就是施工过程各个组成部分作业时间的总和。其计算公式为

$$T_1 = \sum_{i=1}^{n} t_i \quad (2-3)$$

式中 T_1——单位产品基本工作时间；

t_i——各组成部分的基本工作时间；

n——各组成部分的个数。

（2）各组成部分单位与最终产品单位不一致时的基本工作时间计算。此时，各组成部分基本工作时间应分别乘以相应的换算系数。其计算公式为

$$T_1 = \sum_{i=1}^{n} k_i \times t_i \quad (2-4)$$

式中 k_i——对应于 t_i 的换算系数。

2. 拟定辅助工作时间

辅助工作时间的确定方法与基本工作时间相同。如果在计时观察时不能取得足够的资料，也可采用工时规范或经验数据来确定。如具有现行的工时规范，可以直接利用工时规范中规定的辅助工作时间的百分比来计算。

（二）确定规范时间

规范时间包括工序作业时间以外的准备与结束时间、不可避免的中断时间以及拟定休息时间。

1. 确定准备与结束时间

准备与结束工作时间可分为班内和任务两种。任务的准备与结束时间通常不能集中在某一个工作日中，而要采取分摊计算的方法，分摊在单位产品的时间定额里。

如果在计时观察资料中不能取得足够的准备与结束时间的资料，也可根据工时规范或经验数据来确定。

2. 确定不可避免的中断时间

在确定不可避免中断时间的定额时，必须注意由工艺特点所引起的不可避免中断才可列入工作过程的时间定额。

不可避免中断时间也需要根据测时资料通过整理分析获得，也可以根据经验数据或工时规范，以占工作日的百分比表示此项工时消耗的时间定额。

3. 拟定休息时间

休息时间应根据工作班作息制度、经验资料、计时观察资料，以及对工作的疲劳程度做全面分析来确定。同时，应考虑尽可能利用不可避免中断时间作为休息时间。

（三）拟定定额时间

确定的基本工作时间、辅助工作时间、准备与结束工作时间、不可避免中断时间与休息时间之和，就是劳动定额的时间定额。根据时间定额可计算出产量定额，时间定额和产量定额互成倒数。

利用工时规范，可以计算劳动定额的时间定额。其计算公式如下：

工序作业时间=基本工作时间+辅助工作时间 （2-5）

规范时间=准备与结束工作时间+不可避免的中断时间+休息时间 （2-6）

工序作业时间=基本工作时间+辅助工作时间=基本工作时间/（1-辅助工作时间%） （2-7）

定额时间=工序作业时间/（1-规范时间%） （2-8）

二、确定材料定额消耗量的基本方法

材料消耗定额是指在先进合理的施工条件和合理使用材料的情况下，生产质量合格的单位产品所必须消耗的建筑安装材料的数量标准。施工中材料的消耗可分为必需的材料消耗和损失的材料两类。

必需的材料消耗是指在合理用料的条件下，生产合格产品所需消耗的材料。它包括直接用于建筑和安装工程的材料、不可避免的施工废料和不可避免的材料损耗。必需的材料消耗属于施工正常消耗，是确定材料消耗定额的基本数据。其中，直接用于建筑和安装工程的材料，编制材料净用量定额；不可避免的施工废料和材料损耗，编制材料损耗定额。

材料各种类型的损耗量之和称为材料损耗量，除去损耗量后净用于工程实体上的数量称为材料净用量，材料净用量与材料损耗量之和称为材料总消耗量，损耗量与总消耗量之比称为材料损耗率，它们的关系用公式表示为

损耗率=损耗量/总消耗量 （2-9）

总消耗量=净用量/（1-损耗率） （2-10）

或

总消耗量=净用量+损耗量 （2-11）

为了简便，通常将损耗量与净用量之比，作为损耗率。即

损耗率=损耗量/净用量×100% （2-12）

总消耗量=净用量×（1+损耗率） （2-13）

材料消耗定额必须在充分研究材料消耗规律的基础上制定，是通过施工生产过程中对材料消耗进行观测、试验以及根据技术资料的统计与计算等方法制定的。

（一）观测法

观测法也称为现场测定法，是指在合理和节约使用材料的前提下，在现场对施工过程进行观察，记录数据，测定哪些是不可避免的损耗材料，应该记入定额之中，哪些是可以避免的损耗材料，不应记入定额之中。通过现场观测，确定出合理的材料消耗量，最后得出，在一定的施工过程中，单位产品的材料消耗定额。

观测法的首要任务是选择典型的工程项目，其施工技术、组织及产品质量均要符合技术规范的要求；材料的品种、型号、质量也应符合设计要求；产品检验合格，操

作工人能合理使用材料和保证产品质量。

观测法是在现场实际施工中进行的。在观测前要充分做好准备工作，如选用标准的运输工具和衡量工具，采取减少材料损耗措施等。观测的结果，要取得材料消耗的数量和产品数量的数据资料。对观测取得的数据资料要进行分析研究，区分哪些是合理的，哪些是不合理的，哪些是不可避免的，以制定出在一般情况下都可以达到的材料消耗定额。

利用现场测定法主要是编制材料损耗定额，也可以提供编制材料净用量定额的数据。其优点是能通过现场观察、测定，取得产品产量和材料消耗的情况，为编制材料定额提供技术根据。

（二）试验法

试验法又称为试验室试验法，其是由专门从事材料试验的专业技术人员，使用试验仪器来测定材料消耗定额的一种方法。这种方法可以较详细地研究各种因素对材料消耗的影响，且数据准确，但仅适用于在试验室内测定砂浆、混凝土、沥青等建筑材料的消耗定额。例如，以各种原材料为变量因素，求得不同强度等级混凝土的配合比，从而计算出每立方米混凝土的各种材料耗用量。

利用试验法，主要是编制材料净用量定额。通过试验，能够对材料的结构、化学成分和物理性能以及按强度等级控制的混凝土、砂浆配合比做出科学的结论，为编制材料消耗定额提供有技术根据的、比较精确的计算数据。

试验室试验必须符合国家有关标准规范，计量要使用标准容器和称量设备，质量要符合施工与验收规范要求，以保证获得可靠的定额编制依据。但是，试验法不能取得在施工现场实际条件下，由于各种客观因素对材料耗用量影响的实际数据，这是该法的不足之处。

（三）统计法

统计法是指对分部（分项）工程拨付一定的材料数量，对竣工后剩余的材料数量以及完成合格建筑产品的数量，进行统计计算而编制材料消耗定额的方法。这种方法不能区分施工中的合理材料损耗和不合理材料损耗，所以，得出的材料消耗定额的准确性偏低。

采用统计法，必须保证统计和测算的耗用材料和相应产品一致。在施工现场中的某些材料，往往难以区分用在各个不同部位上的准确数量。因此，要有意识地加以区分，才能得到有效的统计数据。

用统计法制定材料消耗定额一般采取以下两种方法：

（1）经验估算法。经验估算法是指以有关人员的经验或以往同类产品的材料实耗统计资料为依据，通过研究分析并考虑在有关影响因素的基础上制定材料消耗定额的方法。

（2）统计法。统计法是对某一确定的单位工程拨付一定的材料，待工程完工后，根据已完成产品数量和领退材料的数量，进行统计和计算的一种方法。由统计得到的定额，虽有一定的参考价值，但其准确程度较差，应对其分析研究后才能采用。

对积累的各分部分项工程结算的产品所耗用材料的统计分析，是根据各分部分项工程拨付材料数量、剩余材料数量及总共完成产品数量来进行计算。

（四）理论计算法

理论计算法又称为计算法，它是根据施工图纸，运用一定的数学公式计算材料的耗用量。理论计算法只能计算出单位产品的材料净用量，材料的损耗量还要在现场通过实测取得。

理论计算法是材料消耗定额制定方法中比较先进的方法，适用于不易产生损耗且容易确定废料的材料，如木材、钢材、砖瓦、预制构件等材料。因为这些材料根据施工图纸和技术资料，从理论上都可以计算出来，不可避免的损耗也有一定的规律可循。

三、确定机械台班定额消耗量的基本方法

（一）机械定额的分类

机械台班消耗定额，也称为机械台班使用定额，是指在正常的施工机械生产条件下，为生产单位合格工程施工产品或某项工作所必需消耗的机械工作时间标准，或者在单位时间内应用施工机械所应完成的合格工程施工产品的数量。机械台班定额以台班为单位，每一台班按8小时计算。其表达形式有机械时间定额和机械产量定额两种。

1. 机械时间定额

机械时间定额是指在合理劳动组织与合理使用机械的条件下，完成单位合格产品所必需的工作时间，包括有效工作时间（正常负荷下的工作时间和降低负荷下的工作时间）、不可避免的中断时间、不可避免的无负荷工作时间。机械时间定额以"台班"表示，即一台机械工做一个作业班的时间。一个作业班时间为8小时。其计算公式为

$$机械时间定额 = 1/台班产量 \tag{2-14}$$

由于机械必须由工人小组配合，所以完成单位合格产品的时间定额，需同时列出人工时间定额。即

$$人工时间定额（工日） = 小组成员总人数/台班产量 \tag{2-15}$$

2. 机械产量定额

机械产量定额是指在合理劳动组织与合理使用机械条件下，机械在每个台班时间内应完成合格产品的数量。其计算公式为

$$机械台班产量定额 = 1/机械时间定额 \tag{2-16}$$

机械时间定额和机械产量定额互为倒数关系。

复式表示法有如下形式：

$$人工时间定额 = \frac{1}{机械台班产量} | 台班车次 \qquad (2-17)$$

（二）机械台班定额消耗量的确定方法

1. 确定正常的施工条件

拟定机械正常工作条件，主要是拟定工作地点的合理组织和拟定合理的工人编制。

（1）工作地点的合理组织，就是对施工地点机械和材料的放置位置、工人从事操作的场所做出科学合理的平面布置和空间安排。它要求施工机械和操纵机械的工人在最小范围内移动，但又不阻碍机械运转和工人操作；应使机械的开关和操纵装置尽可能集中地装置在操纵工人的近旁，以节省工作时间和减轻劳动强度；应最大限度地发挥机械的效能，减少工人的手工操作。

（2）拟定合理的工人编制，就是根据施工机械的性能和设计能力、工人的专业分工和劳动工效，合理确定操纵机械的工人和直接参加机械化施工过程的工人的编制人数。拟定合理的工人编制，应要求保持机械的正常生产率和工人正常的劳动工效。

2. 确定机械1小时纯工作正常生产率

确定机械正常生产率时，必须首先确定出机械纯工作1小时的正常生产率。

机械纯工作时间，就是指机械的必需消耗时间。机械1小时纯工作正常生产率，就是在正常施工组织条件下，具有必需的知识和技能的技术工人操纵机械1小时的生产率。

根据机械工作特点的不同，机械1小时纯工作正常生产率的确定方法也有所不同。对于循环动作机械，确定机械纯工作1小时正常生产率的计算公式如下：

$$机械一次循环的正常延续时间 = \sum(\frac{循环各组成部分}{正常延续时间}) - 交叠时间 \qquad (2-18)$$

$$机械纯工作1小时循环次数 = \frac{60 \times 60(s)}{一次循环的正常延续时间} \qquad (2-19)$$

机械纯工作1小时正常生产率=机械纯工作1小时正常循环次数×一次循环生产的产品数量 $\qquad$ (2-20)

从式（2-18）～式（2-20）中可以看出，计算循环机械纯工作1小时正常生产率的步骤是：首先根据现场观察资料和机械说明书确定各循环组成部分的延续时间；将各循环组成部分的延续时间相加，减去各组成部分之间的交叠时间，求出循环过程的正常延续时间；再计算机械纯工作1小时的正常循环次数；最后计算循环机械纯工作1小时的正常生产率。

对于连续动作机械，确定机械纯工作1小时正常生产率要根据机械的类型和结构特征，以及工作过程的特点来进行。其计算公式如下：

连续动作机械纯工作1小时正常生产率=工作时间内生产的产品数量/工作时间

(小时) (2-21)

工作时间内的产品数量和工作时间的消耗,要通过多次现场观察和阅读机械说明书来取得数据。

对于同一机械进行作业属于不同的工作过程,如挖掘机所挖土壤的类别不同,碎石机所破碎的石块硬度和粒径不同,均需分别确定其纯工作1小时的正常生产率。

3. 确定施工机械的正常利用系数

确定施工机械的正常利用系数是指机械在工作班内对工作时间的利用率。机械的利用系数和机械在工作班内的工作状况有着密切的关系。所以,要确定机械的正常利用系数,首先要拟定机械工作班,保证合理利用工时的正常工作状况。

确定机械正常利用系数,要计算工作班正常状况下准备与结束工作,机械启动、机械维护等工作所必需消耗的时间,以及机械有效工作的开始与结束时间,从而进一步计算出机械在工作班内的纯工作时间和机械正常利用系数。机械正常利用系数的计算公式如下:

机械正常利用系数=机械在一个工作班内纯的工作时间/一个工作班的延续时间

(2-22)

4. 计算施工机械台班定额

计算施工机械台班定额是编制机械定额工作的最后一步。在确定了机械工作正常条件、机械1小时纯工作正常生产率和机械正常利用系数之后,采用下列公式计算施工机械的台班产量定额:

施工机械台班产量定额=机械1小时纯工作正常生产率×工作班纯工作时间

(2-23)

或

施工机械台班产量定额=机械1小时纯工作正常生产率×工作班延续时间×机械正常利用系数 (2-24)

施工机械时间定额=1/施工机械台班1产量定额指标 (2-25)

第四节 建筑安装工程人工、材料及机具台班单价

一、人工日工资单价的组成和确定方法

人工单价又称为人工工日单价,是指一个建筑安装生产工人工作一个工作日(一个工作日的工作时间为8小时)应得的劳动报酬[本人衣、食、住、行和生、老、病、死等基本生活的需要以及精神文化的需要,还应包括本人基本供养人口(父母及子女)的需要],即企业使用工人的技能、时间所给予的补偿。

（一）人工日工资单价组成内容

人工日工资单价由计时工资或计件工资、奖金、津贴补贴以及特殊情况下支付的工资组成。

1. 计时工资或计件工资。按计时工资标准和工作时间或对已做工作按计件单价支付给个人的劳动报酬。

2. 奖金。对超额劳动和增收节支支付给个人的劳动报酬。如节约奖、劳动竞赛奖等。

3. 津贴补贴。为了补偿职工特殊或额外的劳动消耗和因其他原因支付给个人的津贴，以及为了保证职工工资水平不受物价影响支付给个人的物价补贴。如流动施工津贴、特殊地区施工津贴、高温（寒）作业临时津贴、高空津贴等。

4. 特殊情况下支付的工资。根据国家法律、法规和政策规定，因病、工伤、产假、计划生育假、婚丧假、事假、探亲假、定期休假、停工学习、执行国家或社会义务等原因按计时工资标准或计件工资标准的一定比例支付的工资。

（二）人工单价的确定

1. 年平均每月法定工作日。由于人工日工资单价是每一个法定工作日的工资总额，因此，需要对年平均每月法定工作日进行计算。其计算公式如下：

$$年平均每月法定工作日=（全年日历日-法定假日）÷12 \tag{2-26}$$

式（2-26）中，法定假日指双休日和法定节日。

2. 日工资单价的计算。确定年平均每月法定工作日后，将上述工资总额进行分摊，即形成了人工日工资单价。其计算公式如下：

$$日工资单价=（生产工人平均工资（计时、计件）+平均月（奖金+津贴补贴+特殊情况下支付的工资））/年平均每月法定工作日 \tag{2-27}$$

3. 日工资单价的管理。虽然施工企业投标报价时可以自主确定人工费，但由于人工日工资单价在我国具有一定的政策性，因此，工程造价管理机构确定日工资单价应根据工程项目的技术要求，通过市场调查并参考实物的工程量人工单价综合分析确定。发布的最低日工资单价不得低于工程所在地人力资源和社会保障部门所发布的最低工资标准：普工1.3倍、一般技工2倍、高级技工3倍。

（三）影响人工日工资单价的因素

影响人工日工资单价的因素很多，归纳起来有以下几个方面：

1. 社会平均工资水平。建筑安装工人的人工日工资单价必然和社会平均工资水平趋同。社会平均工资水平取决于经济发展水平。由于经济的增长，社会平均工资也会增长，从而影响人工日工资单价的提高。

2. 生活消费指数。生活消费指数的提高会影响人工日工资单价的提高，以减少生活水平的下降，或维持原来的生活水平。生活消费指数的变动决定了物价的变动，也决定了生活消费品物价的变动。

3. 人工日工资单价的组成内容。《建筑安装工程费用项目组成》(建标〔2013〕44号)将职工福利费和劳动保护费从人工日工资单价中删除,这也必然影响人工日工资单价的变化。

4. 劳动力市场供需变化。劳动力市场如果需求大于供给,人工日工资单价就会提高;供给大于需求,市场竞争激烈,人工日工资单价就会下降。

5. 政府推行的社会保障和福利政策也会影响人工日工资单价的变动。

二、材料单价的组成和确定

在建筑工程中,材料费占总造价的60%~70%,在金属结构工程中所占比重还要更大,是工程直接费的主要组成部分。

材料价格是指材料(包括构件、成品或半成品)从其来源地(或交货地点)到达施工现场工地仓库后出库的综合平均价格。

合理确定材料价格构成,正确计算材料价格,有利于合理确定和有效控制工程造价。

(一) 材料价格的组成

材料价格一般由材料原价、材料运杂费、运输损耗费、采购及保管费组成。

1. 材料原价。材料原价也称为材料供应价,一般包括货价和供销部门手续费两部分,它是材料价格组成部分中最重要的部分。

2. 材料运杂费。材料运杂费是指材料由来源地(或交货地点)至施工仓库地点的运输过程中所发生的全部费用。它包括车船运输费、调车和驳船费、装卸费、过境过桥费和附加工作费等。

3. 运输损耗费。运输损耗费是指材料在装卸和运输过程中所发生合理的损耗费用。

4. 采购及保管费。采购及保管费是指在组织材料采购、供应和保管过程中需要支付的各项费用。它包括采购及保管部门人员工资和管理费、工地材料仓库的保管费、货物过秤费及材料在运输和储存中的损耗费用等。

材料价格的四项费用之和即为材料预算价格。其计算公式如下:

材料价格=(供应价格+运杂费)×(1+运输损耗率)×(1+采购及保管费费率)-包装品回收价值 (2-28)

(二) 材料价格的分类

材料价格按适用范围划分,有地区材料价格和某项工程使用的材料价格。地区材料价格是按地区(城市或建设区域)编制,供该地区所有工程使用;某项工程(一般指大中型重点工程)使用的材料价格,是以一个工程为编制对象,专供该工程项目使用。

地区材料价格与某项工程使用的材料价格的编制原理和方法是一致的,只是在材料来源地、运输数量、权数等具体数据上有所不同。

(三) 材料价格的确定方法

1. 材料原价的确定。材料原价是指国内采购材料的出厂价格,国外采购材料抵达买方边境、港口或车站并交纳完各种手续费、税费(不含增值税)后形成的价格。在确定原价时,凡同一种材料因来源地、交货地、供货单位、生产厂家不同,而有几种价格(原价)时,根据不同来源地供货数量比例,采取加权平均的方法确定其综合原价。其计算公式如下:

$$加权平均原价 = \frac{K_1C_1 + K_2C_2 + \cdots + K_nC_n}{K_1 + K_2 + \cdots + K_n} \quad (2-29)$$

式中 K_1, K_2, $\cdots$, K_n——各不同供应地点的供应量或各不同使用地点的需要量;

C_1, C_2, $\cdots$, C_n——各不同供应地点的原价。

若材料供货价格为含税价格,则材料原价应以购进货物适用的税率(17%或11%)或征收率(3%)扣减增值税进项税额。

2. 材料运杂费的确定。材料运杂费用应按国家有关部门和地方政府交通运输部门的规定计算。材料运杂费的多少与运输工具、运输距离、材料装载率等因素都有直接关系。

材料运杂费一般按外埠运杂费和市内运杂费两种计算。外埠运杂费是指材料从来源地(或交货地)至本市中心仓库或货站的全部费用,包括调车(驳船)费、运输费、装卸费、过桥过境费、入库费以及附加工作费;市内运杂费是指材料从本市中心仓库或货站运至施工工地仓库的全部费用,包括出库费、装卸费和运输费等。

同一品种的材料如有若干个来源地,其运杂费根据每个来源地的运输里程、运输方法和运输标准,用加权平均的方法计算运杂费。即

$$加权平均运杂费 = \frac{K_1T_1 + K_2T_2 + \cdots + K_nT_n}{K_1 + K_2 + \cdots + K_n} \quad (2-30)$$

式中 K_1, K_2, $\cdots$, K_n——各不同供应点的供应量或各不同使用地点的需求量;

T_1, T_2, $\cdots$, T_n——各不同运距的运杂费。

若运输费用为含税价格,则需要按"两票制"和"一票制"两种支付方式分别调整。

(1)"两票制"支付方式。所谓"两票制"材料,是指材料供应商就收取的货物销售价款和运杂费向建筑业企业分别提供货物销售和交通运输两张发票的材料。在这种方式下,运杂费以接受交通运输与服务适用税率10%扣减增值税进项税额。

(2)"一票制"支付方式。所谓"一票制"材料,是指材料供应商就收取的货物销售价款和运杂费合计金额向建筑业企业仅提供一张货物销售发票的材料。在这种方式下,运杂费采用与材料原价相同的方式扣减增值税进项税额。

3. 材料运输损耗费的确定。在材料的运输中应考虑一定的场外运输损耗费用。即

指材料在运输装卸过程中不可避免的损耗的费用。运输损耗费的计算公式为

运输损耗费=（材料原价+运杂费）×相应材料损耗率　　　　　　　　（2-31）

4. 采购及保管费。采购及保管费是指为组织采购、供应和保管材料过程中所需要的各项费用，它包括采购费、仓储费、工地保管费和仓储损耗。

采购及保管费一般按照材料到库价格以费率取定。材料采购及保管费计算公式为

采购及保管费=材料运到工地仓库价格×采购及保管费费率　　　　　　（2-32）

或采购及保管费=（材料原价+运杂费+运输损耗费）×采购及包管费费率（%）

综上所述，材料单价的一般计算公式为

材料单价={（供应价格+运杂费）×[1+运输损耗率（%）]×[1+采购及保管费费率（%）]}　　　　　　　　　　　　　　　　　　　　　　（2-33）

由于我国幅员广阔，建筑材料产地与使用地点的距离各地差异很大，采购、保管和运输方式也不尽相同，因此，材料单价原则上按地区范围编制。

（四）影响材料单价变动的因素

1. 市场供需变化。材料原价是材料单价中最基本的组成部分。在市场上，当供大于求时，价格就会下降；反之，价格则上升。从而影响材料单价的涨落。

2. 材料生产成本的变动将直接影响材料单价的波动。

3. 流通环节的多少和材料供应体制也会影响材料单价。

4. 运输距离和运输方法的改变也会影响材料运输费用的增减，进而影响材料单价。

5. 国际市场行情会对进口材料单价产生影响。

三、施工机械台班单价的组成和确定

施工机械使用费是根据施工中耗用的机械台班数量和机械台班单价确定的。施工机械台班耗用量按有关定额规定计算，施工机械台班单价是指一台施工机械，在正常运转条件下一个工作班中所发生的全部费用，每台班按8小时工作制计算。正确制定施工机械台班单价是合理确定和控制工程造价的重要方面。

根据《建设工程施工机械台班费用编制规则》的规定，施工机械划分为十二个类别，包括土石方及筑路机械、桩工机械、起重机械、水平运输机械、垂直运输机械、混凝土及砂浆机械、加工机械、泵类机械、焊接机械、动力机械、地下工程机械和其他机械。

施工机械台班单价由七项费用组成，包括折旧费、检修费、维护费、安拆费及场外运费、人工费、燃料动力费和其他费用。

（一）折旧费的组成及确定

折旧费是指施工机械在规定的耐用总台班内，陆续收回其原值的费用。计算公式为

台班折旧费=机械预算×（1-残值率）×贷款利息系数/耐用总台班（2-34）

1. 机械预算价格

（1）国产施工机械的预算价格。国产施工机械预算价格按照机械原值、相关手续费和一次运杂费以及车辆购置税之和计算。

1）机械原值。机械原值应按下列途径询价和采集：

①编制期施工企业购进施工机械的成交价格；

②编制期施工机械展销会发布的参考价格；

③编制期施工机械生产厂、经销商的销售价格；

④其他能反映编制期施工机械价格水平的市场价格。

2）相关手续费和一次运杂费应按实际费用综合取定，也可按其占施工机械原值的百分率确定。

3）车辆购置税的计算。车辆购置税应按下列公式计算：

车辆购置税=计取基数×车辆购置税税率（%）（2-35）

其中，计取基数=机械原值+相关手续费和一次运杂费 车辆购置税率应按编制期间国家有关规定计算。

（2）进口施工机械的预算价格。进口施工机械的预算价格按照到岸价格、关税、消费税、相关手续费和国内一次运杂费、银行财务费、车辆购置税之和计算。

1）进口施工机械原值应按下列方法取定：

①进口施工机械原值应按"到岸价格+关税"取定，到岸价格应按编制期施工企业签订的采购合同、外贸与海关等部门的有关规定及相应的外汇汇率计算取定；

②进口施工机械原值应按不含标准配置以外的附件及备用零配件的价格取定。

2）关税、消费税及银行财务费应执行编制期国家有关规定，并参照实际发生的费用计算。也可按占施工机械原值的百分率取定。

3）相关手续费和国内一次运杂费应按实际费用综合取定，也可按其占施工机械原值的百分率确定。

4）车辆购置税应按下列公式计算，即

车辆购置税=计税价格×车辆购置税税率　　　　　　　　　　　　　　　（2-36）

其中，计税价格=到岸价格+关税+消费税，车辆购置税税率应执行编制期间国家有关规定计算。

2. 残值率

残值率是指机械报废时回收其残余价值占施工机械预算价格的百分数。残值率应按编制期国家有关规定确定，目前各类施工机械均按5%计算。

3. 耐用总台班

耐用总台班是指施工机械从开始投入使用至报废前使用的总台班数，应按相关技术指标取定。

年工作台班是指施工机械在一个年度内使用的台班数量。年工作台班应在编制期制度工作日基础上扣除检修、维护天数及考虑机械利用率等因素综合取定。

机械耐用总台班的计算公式为

耐用总台班=折旧年限×年工作台班=检修间隔台班×检修周期　　　　（2-37）

检修间隔台班是指机械自投入使用起至第一次检修止或自上一次检修后投入使用起至下一次检修止，应达到的使用台班数。

检修周期是指机械正常的施工作业条件下，将其寿命期（即耐用总台班）按规定的检修次数划分为若干个周期。其计算公式为

检修周期=检修次数+1　　　　　　　　　　　　　　　　　　　　（2-38）

（二）检修费的组成及确定

检修费是指施工机械在规定的耐用总台班内，按规定的检修间隔进行必要的检修，以恢复其正常功能所需的费用。检修费是机械使用期限内全部检修费之和在台班费用中的分摊额，它取决于一次检修费、检修次数和耐用总台班的数量。其计算公式为

台班检修费=一次次数×除税系数×除税系数/耐用总台班（2-39）

1. 一次检修费是指施工机械进行一次检修所发生的工时费、配件费、辅料费、油燃料费等。一次检修费应按施工机械的相关技术指标和参数为基础，结合编制期市场价格综合确定。可按其占预算价格的百分率取定。

2. 检修次数是指施工机械在其耐用总台班内的检修次数。检修次数应按施工机械的相关技术指标取定。

3. 除税系数的计算公式为

除税系数=（自行检修比例+委外检修比例）/（1+税率）（2-40）

自行检修比例、委外检修比例是指施工机械自行检修、委托专业修理修配部门检修占检修费比例。具体比值应结合本地区（部门）施工机械检修实际综合取定。税率按增值税修理修配劳务适用税率计取。

（三）维护费的组成及确定

维护费是指施工机械在规定的耐用总台班内，按规定的维护间隔进行各级维护和临时故障排除所需的费用。保障机械正常运转所需替换与随机配备工具、附具的摊销和维护费用，机械运转及日常保养维护所需润滑与擦拭的材料费用及机械停滞期间的维护费用等。各项费用分摊到台班中，即维护费。其计算公式为

台班维护费=［Σ（各级维护一次费用×除税系数×各级维护次数）+临时故障排除费］/耐用总台班

当维护费计算公式中各项数值难以确定时，也可按下列公式计算：

台班维护费=台班检修费×K　　　　　　　　　　　　　　　　　（2-41）

式中 K——维护费系数，指维护费占检修费的百分数。

1. 各级维护一次费用应按施工机械的相关技术指标，结合编制期市场价格综合取定。

2. 各级维护次数应按施工机械的相关技术指标取定。

3. 临时故障排除费可按各级维护费用之和的百分数取定。

4. 替换设备及工具附具台班摊销费应按施工机械的相关技术指标，结合编制期市场价格综合取定。

5. 除税系数。除税系数是指考虑一部分维护可以购买服务，从而需扣除维护费中包括的增值税进项税额。其计算公式为

除税系数=（自行维护比例+委外维护比例）/（1+税率）　　　　　（2-42）

自行维护比例、委外维护比例是指施工机械自行维护、委托专业修理修配部门维护占维护费的比例。具体比值应结合本地区（部门）施工机械检修实际综合取定。税率按增值税修理修配劳务适用税率计取。

（四）安拆费及场外运费的组成和确定

安拆费是指施工机械在现场进行安装与拆卸所需的人工、材料、机械和试运转费用以及机械辅助设施的折旧、搭设、拆除等费用；场外运费是指施工机械整体或分件自停放地点运至施工现场或由一个施工地点运至另一个施工地点的运输、装卸、辅助材料及架线等费用。

安拆费及场外运费根据施工机械的不同可分为计入台班单价、单独计算和不需计算三种类型。

1. 安拆简单、移动需要起重及运输机械的轻型施工机械，其安拆费及场外运费计入台班单价。安拆费及场外运费应按下列公式计算：

台班安拆费及场外费用=一次安拆费及场外费用×年平均安拆次数/年工作台班　　（2-43）

（1）一次安拆费应包括施工现场机械安装和拆卸一次所需的人工费、材料费、机械费、安全监测部门的检测费及试运转费；

（2）一次场外运费应包括运输、装卸、辅助材料和回程等费用；

（3）年平均安拆次数按施工机械的相关技术指标，结合具体情况综合确定；

（4）运输距离均按平均30km计算。

2. 单独计算的情况包括以下内容：

（1）安拆复杂、移动需要起重及运输机械的重型施工机械，其安拆费及场外运费单独计算；

（2）利用辅助设施移动的施工机械，其辅助设施（包括轨道和枕木）等的折旧、搭设和拆除等费用可单独计算。

3. 不需要计算的情况包括以下内容：

（1）不需要安拆的施工机械，不计算一次安拆费；

(2）不需要相关机械辅助运输的自行移动机械，不计算场外运费；

(3）固定在车间的施工机械，不计算安拆费及场外运费。

4. 自升式塔式起重机、施工电梯安拆费的超高起点及其增加费，各地区、部门可根据具体情况确定。

（五）人工费的组成及确定

人工费是指机上司机（司炉）和其他操作人员的人工费。按下列公式计算：

$$台班人工费 = 人工消耗量 \times (1 + \frac{年制度工作日 - 年工作台班}{年工作台班}) \times 人工单价 \quad (2-44)$$

1. 人工消耗量是指机上司机（司炉）和其他操作人员工日消耗量。

2. 年制度工作日应执行编制期国家有关规定。

3. 人工单价应执行编制期工程造价管理机构发布的信息价格。

（六）燃料动力费的组成和确定

燃料动力费是指施工机械在运转作业中所耗用的燃料及水、电等费用。其计算公式如下：

$$台班燃料动力费 = \Sigma（燃料动力消耗量 \times 燃料动力单价） \quad (2-45)$$

1. 燃料动力消耗量应根据施工机械技术指标等参数及实测资料综合确定。可采用下列公式计算：

$$台班燃料动力消耗量 =（实测数 \times 4 + 定额平均值 + 调查平均值）/ 6 \quad (2-46)$$

2. 燃料动力单价应执行编制期工程造价管理机构发布的不含税信息价格。

（七）其他费用的组成和确定

其他费用是指施工机械按照国家规定应缴纳的车船税、保险费及检测费等。其计算公式为

$$台班其他费 =（年车船税 + 年保险费 + 年检测费）/ 年工作台班 \quad (2-47)$$

1. 年车船税、年检测费应执行编制期国家及地方政府有关部门的规定。

2. 年保险费应执行编制期国家及地方政府有关部门强制性保险的规定，非强制性保险不应计算在内。

四、施工仪器仪表台班单价的组成和确定方法

根据《建设工程施工仪器仪表台班费用编制规则》的规定，施工仪器仪表划分为七个类别，分别为自动化仪表及系统、电工仪器仪表、光学仪器、分析仪表、试验机、电子和通信测量仪器仪表、专用仪器仪表。

施工仪器仪表台班单价由折旧费、维护费、校验费和动力费四项费用组成。施工仪器仪表台班单价中的费用组成不包括检测软件的相关费用。

（一）折旧费

施工仪器仪表台班折旧费是指施工仪器仪表在耐用总台班内，陆续收回其原值的费用。其计算公式为

台班折旧费=（施工仪器仪表原值×（1-残值率）/耐用总台班　　　　　　（2-48）

1. 施工仪器仪表原值应按以下方法取定：

（1）对从施工企业采集的成交价格，各地区、部门可结合本地区、部门实际情况，综合确定施工仪器仪表原值；

（2）对从施工仪器仪表展销会采集的参考价格或从施工仪器仪表生产厂、经销商采集的销售价格，各地区、部门可结合本地区、部门实际情况，测算价格调整系数取定施工仪器仪表原值；

（3）对类别、名称、性能规格相同而生产厂家不同的施工仪器仪表，各地区、部门可根据施工企业实际购进情况，综合取定施工仪器仪表原值；

（4）对进口与国产施工仪器仪表性能规格相同的，应以国产施工仪器仪表为准取定施工仪器仪表原值；

（5）进口施工仪器仪表原值应按编制期国内市场价格取定；

（6）施工仪器仪表原值应按不含一次运杂费和采购保管费的价格取定。

2. 残值率是指施工仪器仪表报废时，回收其残余价值占施工仪器仪表原值的百分比。残值率应按国家有关规定取定。

3. 耐用总台班是指施工仪器仪表从开始投入使用至报废前所积累的工作总台班数量。耐用总台班应按相关技术指标取定。其计算公式为

耐用总台班=年工作台班×折旧年限　　　　　　　　　　　　　　　（2-49）

（1）年工作台班是指施工仪器仪表在一个年度内使用的台班数量。其计算公式为

年工作台班=年制度工作日×年使用率　　　　　　　　　　　　　　（2-50）

年制度工作日应按国家规定制度工作日执行，年使用率应按实际使用情况综合取定。

（2）折旧年限是指施工仪器仪表逐年计提折旧费的年限。折旧年限应按国家有关规定取定。

（二）维护费

施工仪器仪表台班维护费是指施工仪器仪表各级维护、临时故障排除所需的费用及为保证仪器仪表正常使用所需备件（备品）的维护费用。其计算公式如下：

台班维护费=年维护费/年工作台班　　　　　　　　　　　　　　　　（2-51）

年维护费是指施工仪器仪表在一个年度内发生的维护费。年维护费应按相关技术指标，结合市场价格综合取定。

（三）校验费

施工仪器仪表台班校验费是指按国家与地方政府规定的标定与检验的费用。其计

算公式如下：

台班校验费=年校验费/年工作台班 (2-52)

年校验费是指施工仪器仪表在一个年度内发生的校验费用；年校验费应按相关技术指标取定。

（四）动力费

施工仪器仪表台班动力费是指施工仪器仪表在施工过程中所耗用的电费。其计算公式如下：

台班动力费=台班耗电量×电价 (2-53)

1. 台班耗电量应根据施工仪器仪表类别不同，按相关技术指标综合取定。
2. 电价应执行编制期工程造价管理机构发布的信息价格。

第五节　工程计价定额

工程计价定额是指工程定额中直接用于工程计价的定额或指标。其包括预算定额、概算定额、概算指标和投资估算指标等。工程计价定额主要用来在建设项目的不同阶段作为确定和计算工程造价的依据。

一、预算定额编制

（一）预算定额的概念和作用

1. 预算定额的概念

预算定额是指规定一定计量单位的分项工程或结构构件所必需消耗的劳动力、材料和机械台班的数量标准，是国家及地区编制和颁发的一种法令性指标。

预算定额是确定单位分项工程或结构构件单价的基础，因此，它体现了国家、建设单位和施工企业之间的一种经济关系。建设单位按预算定额为拟建工程提供必要的资金供应；施工企业则在预算定额范围内，通过建筑施工活动，按质、按量、按期地完成工程任务。

2. 预算定额的作用

预算定额在我国建筑工程中具有以下重要作用：

（1）预算定额是编制施工图预算的基本依据，是确定工程预算造价的依据；

（2）预算定额是对设计方案进行技术经济比较，对新结构、新材料进行技术经济分析的依据；

（3）预算定额是施工企业编制人工、材料、机械台班需要量计划，统计完成工程量，考核工程成本，实行经济核算的依据；

（4）预算定额是在建筑工程招标、投标中确定标底或招标控制价，实行招标承包制的重要依据；

（5）预算定额是建设单位和建设银行拨付工程价款、建设资金贷款和竣工结（决）算的依据；

（6）预算定额是编制地区单位估价表、概算定额和概算指标的基础资料。

（二）预算定额的编制依据

编制预算定额主要依据下列资料：

1. 现行全国统一劳动定额、机械台班使用定额和材料消耗定额；
2. 现行的设计规范、施工质量验收规范、质量评定标准和安全操作规程；
3. 通用的标准图集和定型设计图纸以及具有代表性的典型设计图纸和图集；
4. 新技术、新工艺、新结构、新材料和先进施工经验的资料；
5. 有关科学试验、技术测定、统计资料和经验数据；
6. 国家和各地区已颁发的预算定额及其基础资料；
7. 现行的工资标准和材料市场与预算价格。

（三）预算定额的编制步骤

编制预算定额一般可分为以下三个阶段进行：

1. 准备阶段。准备阶段的任务是成立编制机构、拟订编制方案、确定定额项目、全面收集各项依据资料。预算定额的编制工作不但工作量大，而且政策性强，组织工作复杂。在编制准备阶段应做好以下几项工作：

（1）建筑业的深化改革对预算定额编制的要求；

（2）确定预算定额的适用范围、用途和水平；

（3）确定编制机构的人员组成，安排编制工作的进度；

（4）确定定额的编制形式、项目内容、计量单位及小数位数；

（5）确定人工、材料和机械台班消耗量的计算资料。

2. 编制预算定额初稿，测试定额水平阶段。在这个阶段，根据确定的定额项目和基础资料，进行反复分析和测算；编制定额项目劳动力计算表、材料及机械台班计算表，制定工程量计算规则，并附注工作内容及有关计算规则说明；汇总编制预算定额项目表，即预算定额初稿。

编制出预算定额初稿后，要将新编定额与现行定额进行测算对比，测算出新编定额的水平，并分析比现行定额提高或降低的原因，写出定额水平测算工作报告。

3. 审查定稿阶段。在这个阶段，将新编定额初稿及有关编制说明和定额水平测算情况等资料，印发至各地区、各有关部门，或组织有关基本建设单位和施工企业座谈讨论，广泛征求意见。最后，送上级主管部门批准、颁发执行。

（四）预算定额的编制

1. 定额项目的划分

因建筑产品结构复杂，形体庞大，所以要就整个产品来计价是不可能的。但可根据不同部位、不同消耗或不同构件，将庞大的建筑产品分解成各种不同的较为简单、适当的计量单位（称为分部分项工程），作为计算工程量的基本构造要素，在此基础上编制预算定额项目。确定定额项目时要求：便于确定单位估价表；便于编制施工图预算；便于进行计划、统计和成本核算工作。

2. 工程内容的确定

基础定额子目中人工、材料消耗量和机械台班使用量是直接由工程内容确定的，所以，工程内容范围的规定是十分重要的。

3. 确定预算定额的计量单位

预算定额与施工定额计量单位往往不同。施工定额的计量单位一般按工序或施工过程确定；而预算定额的计量单位主要是根据分部分项工程和结构构件的形体特征及其变化确定。由于工作内容综合，预算定额的计量单位也具有综合的性质。工程量计算规则的规定应确切反映定额项目所包含的工作内容。

预算定额的计量单位关系到预算工作的繁简和准确性。因此，要正确地确定各分部分项工程的计量单位，一般依据以下建筑结构构件的形状特点确定：

（1）凡是物体的截面有一定的形状和大小，但有不同长度时（管道、电缆、导线等分项工程），应当以延长米为计量单位。

（2）当物体有一定的厚度，而面积不固定时（通风管、油漆、防腐等分项工程），应当以平方米作为计量单位。

（3）如果物体的长、宽、高都变化不定时（土方、保温等分项工程），应当以立方米为计量单位。

（4）有的分项工程虽然体积、面积相同，但质量和价格差异很大，或者是不规则或是难以度量的实体（金属结构、非标准设备制作等分项工程），应当以质量作为计量单位。

（5）凡是物体无一定规格，而其构造又较复杂时，可采用自然单位（阀门、机械设备、灯具、仪表等分项工程），常以个、台、套、件等作为计量单位。

（6）定额项目中工料计量单位及小数位数的取定。

1）计量单位：按法定计量单位取定：

①长度：mm、cm、m；

②面积：mm^2、cm^2、m^2；

③体积和容积：cm^3、m^3；

④质量：kg、t。

2）数值单位与小数位数的取定。

①人工：以"工日"为单位，取两位小数；

②主要材料及半成品：木材以"m^3"为单位取三位小数，钢板、型钢以"t"为单位取三位小数，管材以"m"为单位取两位小数，通风管用薄钢板以"m^2"为单位，

导线、电缆以"m"为单位,水泥以"kg"为单位,砂浆、混凝土以"m³"为单位等;

③单价以"元"为单位,取两位小数;

④其他材料费以"元"为单位,取两位小数;

⑤施工机械以"台班"为单位,取两位小数。

定额单位确定之后,往往会出现人工、材料或机械台班量很小,即小数点后好几位的情况。为了减少小数位数和提高预算定额的准确性,采取扩大单位的办法,将 1m³、1m²、1m 扩大 10 倍、100 倍、1000 倍。这样,相应的消耗量也加大了倍数,取一定小数位四舍五入后,可达到相对的准确性。

4. 确定施工方法

编制预算定额所取定的施工方法,必须选用正常的、合理的施工方法,用以确定各专业的工程和施工机械。

(五) 确定预算定额中人工、材料、施工机械消耗量

1. 预算定额中人工工日消耗量的计算

预算定额中的人工工日消耗量可以有两种确定方法,一种是以劳动定额为基础确定;另一种是以现场观察测定资料为基础计算。主要用于遇到劳动定额缺项时,采用现场工作日写实等测时方法测定和计算定额的人工耗用量。

预算定额中人工工日消耗量是指在正常施工条件下,生产单位合格产品所必需消耗的人工工日数量,是由分项工程所综合的各个工序劳动定额包括的基本用工、其他用工两部分组成。

(1) 基本用工。基本用工是指完成一定计量单位的分项工程或结构构件的各项工作过程的施工任务所必需消耗的技术工种用工。按技术工种相应劳动定额工时定额计算,以不同工种列出定额工日。基本用工包括以下内容:

1) 完成定额计量单位的主要用工。按综合取定的工程量和相应劳动定额进行计算。其计算公式为

基本用工=Σ(综合取定的工程量×劳动定额) (2-54)

例如,工程实际中的砖基础,有1砖厚、1砖半厚和2砖厚之分,用工各不相同,在预算定额中由于不区分厚度,需要按照统计的比例,加权平均得出综合的人工消耗。

2) 按劳动定额规定应增(减)计算的用工量。例如,在砖墙项目中,分项工程的工作内容包括了附墙烟囱孔、垃圾道、壁橱等零星组合部分,其人工消耗量相应增加附加人工消耗。由于预算定额是在施工定额子目的基础上综合扩大的,其包括的工作内容较多,施工的工效视具体部位而不同,所以,需要另外增加人工消耗,而这种人工消耗也可以列入基本用工内。

(2) 其他用工。其他用工是辅助基本用工消耗的工日,它包括超运距用工、辅助用工和人工幅度差用工。

1）超运距用工。超运距是指劳动定额中已包括的材料、半成品场内水平搬运距离与预算定额所考虑的现场材料、半成品堆放地点到操作地点的水平运输距离之差。其计算公式如下：超运距=预算定额取定运距－劳动定额已包括的运距　　（2-55）

超运距用工=Σ（超运距材料数量×时间定额）　　（2-56）

需要指出，实际工程现场运距超过预算定额取定运距时，可另行计算现场二次搬运费。

2）辅助用工。辅助用工是指技术工种劳动定额内不包括而在预算定额内又必须考虑的用工。例如机械土方工程配合用工，材料加工（筛砂、洗石、淋化石膏），电焊点火用工等。其计算公式如下：

辅助用工=Σ（材料加工数量×相应的加工劳动定额）　　（2-57）

3）人工幅度差用工。即预算定额与劳动定额的差额，主要是指在劳动定额中未包括而在正常施工情况下不可避免但又很难准确计量的用工和各种工时损失。其内容包括以下各项：

①各工种间的工序搭接及交叉作业相互配合或影响所发生的停歇用工；

②施工过程中，移动临时水电线路而造成的影响工人操作的时间；

③工程质量检查和隐蔽工程验收工作而影响工人操作的时间；

④同一现场内单位工程之间因操作地点转移而影响工人操作的时间；

⑤工序交接时对前一工序不可避免的修整用工；

⑥施工中不可避免的其他零星用工。

人工幅度差计算公式为

人工幅度差=（基本用工+辅助用工+超运距用工）×人工幅度差系数　　（2-58）

人工幅度差系数一般为10%～15%。在预算定额中，将人工幅度差的用工量列入其他用工量中。

2. 预算定额中材料消耗量的计算

材料消耗量计算方法主要有以下内容：

（1）凡是有标准规格的材料，按规范要求计算定额计量单位的耗用量，如砖、防水卷材、块料面层等。

（2）凡是设计图纸标注尺寸及下料要求的，按设计图纸尺寸计算材料净用量，如门窗制作用材料、方、板料等。

（3）换算法。各种胶结、涂料等材料的配合比用料，可以根据要求条件换算，得出材料用量。

（4）测定法。测定法包括实验室试验法和现场观察法。它是指各种强度等级的混凝土及砌筑砂浆配合比的耗用原材料数量的计算，须按照规范要求试配，经过试验合格以后并经过必要的调整后得出的水泥、砂子、石子、水的用量。对新材料、新结构又不能用其他方法计算定额消耗用量时，须用现场测定方法来确定，根据不同条件可以采用写实记录法和观察法，得出定额的消耗量。

材料损耗量是指在正常条件下不可避免的材料损耗，如现场内材料运输及施工操作过程中的损耗等。其关系式如下：

材料损耗量＝材料净用量×损耗率（％） （2-59）

材料消耗量＝材料净用量+损耗量 （2-60）

或

材料消耗量＝材料净用量×［1+损耗率（％）］ （2-61）

3. 预算定额中机具台班消耗量的计算

预算定额中的机具台班消耗量是指在正常施工条件下，生产单位合格产品（分部分项工程或结构构件）必需消耗的某种型号施工机具的台班数量。下面主要介绍机械台班消耗量的计算。

（1）根据施工定额确定机械台班消耗量的计算。这种方法是指用施工定额中机械台班产量加机械幅度差计算预算定额的机械台班消耗量。

机械台班幅度差是指在施工定额中所规定的范围内没有包括，而在实际施工中又不可避免产生的影响机械或使机械停歇的时间。其内容包括以下几项：

1）施工机械转移工作面及配套机械相互影响损失的时间；

2）在正常施工条件下，机械在施工中不可避免的工序间歇；

3）工程开工或收尾时工作量不饱满所损失的时间；

4）检查工程质量影响机械操作的时间；

5）临时停机、停电影响机械操作的时间；

6）机械维修引起的停歇时间。

综上所述，预算定额的机械台班消耗量可按下式计算

预算定额机械台班消耗量＝施工定额机械台班耗用×（1+机械幅度差系数）

（2-62）

（2）以现场测定资料为基础确定机械台班消耗量。如遇到施工定额缺项者，则需要依据单位时间完成的产量测定。

（六）预算定额基价编制

预算定额基价就是预算定额分项工程或结构构件的单价，它只包括人工费、材料费和机具使用费，也称工料单价。

预算定额基价一般通过编制单位估价表、地区单位估价表及设备安装价目表确定单价，用于编制施工图预算。在预算定额中列出的"预算价值"或"基价"，应视作该定额编制时的工程单价。

预算定额基价的编制方法，简单说就是人工、材料、机具使用的消耗量和人工、材料、机具使用单价的结合过程。其中，人工费是由预算定额中每一分项工程各种用工数乘以地区人工工日单价之和算出；材料费是由预算定额中每一分项工程的各种材

料消耗量乘以地区相应材料预算价格之和算出；施工机具使用费是由预算定额中每一分项工程的各种机械台班消耗量乘以地区相应施工机械台班预算价格之和，以及仪器仪表使用费汇总后算出。上述单价均为不含增值税进项税额的价格。

分项工程预算定额基价的计算公式为

分项工程预算定额基价=人工费+材料费+机具使用费 (2-63)

其中人工费=Σ（现行预算定额中各种人工工日用量×人工日工资单价）

材料费=Σ（现行预算定额中各种材料耗用量×相应材料单价）

机具使用费=Σ（现行预算定额中机械台班用量×机械台班单价）+Σ（仪器仪表台班用量×仪器仪表台班单价）

预算定额基价是根据现行定额和当地的价格水平编制的，具有相对的稳定性。但是为了适应市场价格的变动，在编制预算时，必须根据工程造价管理部门发布的调价文件对固定的工程预算单价进行修正。修正后的工程单价乘以根据图纸计算出来的工程量，就可以获得符合实际市场情况的人工、材料和机具费用。

二、概算定额编制

（一）概算定额的概念

概算定额是指生产一定计量单位的经扩大的建筑工程结构构件或分部分项工程所需要的人工、材料和机械台班的消耗数量及费用的标准。

概算定额是在预算定额的基础上，根据有代表性的建筑工程通用图和标准图等资料，进行综合、扩大和合并而成。因此，建筑工程概算定额，也称"扩大结构定额"。

概算定额与预算定额的相同处，都是以建（构）筑物各个结构部分和分部分项工程为单位表示的，其内容也包括人工、材料和机械台班使用量定额三个基本部分，并列有基准价。概算定额表达的主要内容、表达的主要方式及基本使用方法都与综合预算定额相近。

概算定额与预算定额的不同之处在于项目划分和综合扩大程度上的差异；同时，概算定额主要用于设计概算的编制。由于概算定额综合了若干分项工程的预算定额，因此，使概算工程量计算和概算表的编制，都比施工图预算的编制要简便。

编制概算定额时，应考虑到能适应规划、设计、施工各阶段的要求。概算定额与预算定额应保持水平一致，即在正常条件下，反映大多数企业的设计、生产及施工管理水平。

概算定额的内容和深度是以预算定额为基础的综合与扩大。在合并中不得遗漏或增加细目，以保证定额数据的严密性和正确性。概算定额务必简化、准确和适用。

（二）概算定额的作用

1. 概算定额是扩大初步设计阶段编制概算、技术设计阶段编制修正概算的主要依据。

2. 概算定额是编制建筑安装工程主要材料申请计划的基础。

3. 概算定额是进行设计方案技术经济比较和选择的依据。

4. 概算定额是编制概算指标的计算基础。

5. 概算定额是确定基本建设项目投资额、编制基本建设计划、实行基本建设大包干、控制基本建设投资和施工图预算造价的依据。

因此，正确、合理地编制概算定额对提高设计概算的质量，加强基本建设经济管理，合理使用建设资金，降低建设成本，充分发挥投资效果等方面，都具有重要的作用。

（三）概算定额编制的原则和依据

1. 概算定额编制的原则

为了提高设计概算质量，加强基本建设经济管理，合理使用国家建设资金，降低建设成本，充分发挥投资效果，在编制概算定额时必须遵循以下原则：

（1）使概算定额适应设计、计划、统计和拨款的要求，更好地为基本建设服务。

（2）概算定额水平的确定应与预算定额的水平基本一致，必须是反映正常条件下大多数企业的设计、生产及施工管理水平。

（3）概算定额的编制深度要适应设计深度的要求。项目划分应坚持简化、准确和适用的原则。以主体结构分项为主，合并其他相关部分，进行适当综合扩大；概算定额项目计量单位的确定与预算定额要尽量一致；应考虑统筹法及应用电子计算机编制的要求，简化工程量和概算的计算编制。

（4）为了稳定概算定额水平，统一考核尺度和简化计算工程量，编制概算定额时，原则上不留活口；对于设计和施工变化多而影响工程量多、价差大的，应根据有关资料进行测算，综合取定常用数值；对于其中还包括不了的个性数值，可适当留些活口。

2. 概算定额的编制依据

概算定额编制的依据主要有以下内容：

（1）现行的全国通用的设计标准、规范和施工质量验收规范。

（2）现行的预算定额。

（3）标准设计和有代表性的设计图纸。

（4）过去颁发的概算定额。

（5）现行的人工工资标准、材料预算价格和施工机械台班单价。

（6）有关施工图预算和结算资料。

（四）概算定额的编制方法

1. 概算定额计量单位确定。概算定额计量单位基本上按预算定额的规定执行，仍用 m、m^2 和 m^3 等，但是单位的内容扩大。

2. 确定概算定额与预算定额的幅度差。由于概算定额是在预算定额的基础上进行适当的合并与扩大而形成的，因此，在工程量取值、工程的标准和施工方法确定上需综合考虑，且定额与实际应用必然会产生一些差异。对于这种差异，国家允许预留一个合理的幅度差，以便依据概算定额编制的设计概算能控制施工图预算。概算定额与预算定额之间的幅度差，国家规定一般控制在5%以内。

3. 概算定额小数取位。概算定额小数取位与预算定额相同。

（五）概算定额的内容

概算定额的内容由文字说明和定额表两部分组成。

1. 文字说明部分包括总说明和各章节的说明。

（1）在总说明中，主要对编制的依据、用途、适用范围、工程内容、有关规定、取费标准和概算造价计算方法等进行阐述。

（2）在各章说明中，包括分部工程量的计算规则、说明、定额项目的工程内容等。

2. 定额表格式。定额表头注有定额的工作内容，定额的计量单位（或在表格内）。表格内有基价、人工、材料和机械费，主要材料消耗量等。

（六）概算定额基价的编制

概算定额基价和预算定额基价一样，都只包括人工费、材料费和施工机具使用费，是通过编制扩大单位估价表所确定的单价，用于编制设计概算。概算定额基价和预算定额基价的编制方法相同，单价均为不含增值税进项税额的价格。

概算定额基价＝人工费＋材料费＋施工机具使用费　　　　　　　　　　　（2-64）

其中：

人工费＝现行概算定额中人工工日消耗量×人工单价

材料费＝Σ（现行概算定额中材料消耗量×相应材料单价）

施工机具使用费＝Σ（现行概算定额中机械台班消耗量×相应机械台班单价）＋Σ（仪器仪表台班用量×仪器仪表台班单价）

三、概算指标及其编制

（一）概算指标的概念与作用

概算指标是以一个建筑物或构筑物为对象，按各种不同的结构类型，确定以每 $100m^2$ 或 $1000m^3$ 和每座为计量单位的人工、材料和机械台班（机械台班一般不以量列出，用系数计入）的消耗指标（量）或每万元投资额中各种指标的消耗数量。

概算指标比概算定额更加综合扩大，因此，它是编制初步设计或扩大初步设计概算的依据。

1. 在初步设计阶段概算指标可作为编制建筑工程设计概算的依据。这是指在没有条件计算工程量时,只能使用概算指标。

2. 在建筑方案设计阶段,概算指标是进行方案设计技术经济分析和估算的依据。

3. 在建设项目的可行性研究阶段,概算指标可作为编制项目投资估算的依据。

4. 在建设项目规划阶段,概算指标可作为估算投资和计算资源需要量的依据。

(二) 概算指标的编制原则和依据

1. 概算指标的编制原则

(1) 按平均水平确定概算指标的原则。在我国社会主义市场经济条件下,概算指标作为确定工程造价的依据,同样必须遵照价值规律的客观要求,在编制时必须按社会必要劳动时间,贯彻平均水平的编制原则。只有这样才能使概算指标合理确定和控制工程造价的作用得到充分发挥。

(2) 概算指标的内容与表现形式要简明适用。为适应市场经济的客观要求,概算指标的项目划分应根据用途的不同,确定其项目的综合范围,并遵循粗而不漏、适应面广的原则,体现综合扩大的性质。概算指标从形式到内容应该简明易懂,以便于在采用时根据工程的具体情况进行必要的调整换算,能在较大范围内满足不同用途的需要。

(3) 概算指标的编制依据必须具有代表性。概算指标所依据的工程设计资料,应具有代表性,在技术上是先进的,经济上是合理的。

2. 概算指标的编制依据

(1) 标准设计图纸和各类工程典型设计。

(2) 国家颁发的建筑标准、设计规范、施工规范等。

(3) 各类工程造价资料。

(4) 现行的概算定额和预算定额及补充定额。

(5) 人工工资标准、材料预算价格、机械台班预算价格及其他价格资料。

(三) 概算指标的编制步骤

1. 准备阶段。主要是收集资料,确定指标项目,研究编制概算指标的有关方针、政策和技术性的问题。

2. 编制阶段。主要是选定图纸,并根据图纸资料计算工程量和编制单位工程预算书,以及按编制方案确定的指标项目和人工及主要材料消耗指标,填写概算指标表格。

3. 审核定案及审批。概算指标初步确定后要进行审查、比较,并作必要的调整后,送国家授权机关审批。

(四) 概算指标的应用

概算指标的应用比概算定额的应用灵活性强,由于它是一种综合性很强的指标,不可能与拟建工程的建筑特征、结构特征、自然条件和施工条件完全一致,因此,在选用概算指标时要十分慎重,选用的指标与设计对象在各个方面应尽量一致或接近,不一致的地方要进行换算,以提高准确性。

概算指标的应用一般有两种情况:一种是如果设计对象的结构特征与概算指标一致,可以直接套用;另一种是如果设计对象的结构特征与概算指标的规定局部不同,要对指标的局部内容进行调整后再套用。

1. 每 $100m^2$ 造价调整。调整的思路同定额换算一样,即从原每 $100m^2$ 概算造价中,减去每 $100m^2$ 建筑面积需换出结构构件的价值,加上每 $100m^2$ 建筑面积需换入结构构件的价值,即得每 $100m^2$ 修正概算造价调整指标,再将每 $100m^2$ 造价调整指标乘以设计对象的建筑面积,即得出拟建工程的概算造价。

2. 每 $100m^2$ 工料数量的调整。调整的思路是从所选定指标的工料消耗量中,换出与拟建工程不同的结构构件的工料消耗量,换入所需结构构件的工料消耗量。

关于换入换出的工料数量,是根据换入换出结构构件的工程量乘以相应的概算定额中工料消耗指标得到的。根据调整后的工料消耗量和地区材料预算价格、人工工资标准、机械台班预算单价,计算每 $100m^2$ 的概算基价,然后根据有关取费规定,计算每 $100m^2$ 的概算造价。

这种方法主要适用于不同地区的同类工程编制概算。用概算指标编制工程概算,工程量的计算工作很小,也节省了大量的定额套用和工料概算定额与概算分析工作,因此,比用概算定额编制工程概算的速度要快,但是准确性指标的主要区别会差一些。

四、投资估算指标编制

(一)投资估算指标的概念及其作用

投资估算指标用于编制投资估算,往往以独立的单项工程或完整的工程项目为计算对象,其主要作用是为项目决策和投资控制提供依据。投资估算指标比其他各种计价定额具有更大的综合性和概括性。依据投资估算指标的综合程度可分为建设项目指标、单项工程指标和单位工程指标。

建设项目投资估算指标有两种:一是工程总投资或总造价指标;二是以生产能力或其他计量单位为计算单位的综合投资指标。单项工程投资估算指标一般以生产能力等为计算单位,其包括建筑安装工程费、设备及工器具购置费以及应计入单项工程投资的其他费用。单位工程投资估算指标一般以"m^2""m^3""座"等为单位。

估算指标应列出工程内容、结构特征等资料,以便应用时依据实际情况进行必要的调整。投资估算指标的作用如下:

1. 投资估算指标在编制项目建议书和可行性研究报告阶段时是正确编制投资估

算,合理确定项目投资额,进行正确的项目投资决策的重要基础。

2. 投资估算指标是投资决策阶段计算建设项目主要材料需用量的基础。

3. 投资估算指标是编制固定资产长远规划投资额的参考依据。

4. 投资估算指标在项目实施阶段是限额设计和控制工程造价的依据。

(二) 投资估算指标的编制原则

1. 项目确定的原则。投资估算指标的确定,应当考虑若干年以后编制项目建议书和可行性研究投资估算的需要。

2. 坚持能分能合、有粗有细、细算粗编的原则。投资估算指标既是国家进行项目投资控制与指导的一项重要经济指标,也是编制投资估算的重要依据。因此,要求它能合能分、有粗有细、细算粗编,既要能反映一个建设项目全部投资及其构成,又要有组成建设项目投资的各个单项工程投资及具体分解指标,以使指标具有较强的实用性,扩大投资估算的覆盖面。

3. 投资估算指标的编制内容要具有更大的综合性、概括性和全面性。投资估算指标的编制不仅要反映不同行业、不同项目和不同工程的特点,而且还要反映在项目建设和投产期间的静态、动态投资额,因此,比一般定额要有更大的综合性、概括性和全面性。

4. 坚持技术上先进可行、经济上合理的原则。投资估算的编制内容,典型工程的选取,必须符合国家的产业发展方向和技术经济政策。对建设项目的建设标准、工艺标准、建筑标准、占地标准、劳动定员标准等的确定,尽可能做到立足国情、立足发展、立足工程实际,坚持技术上的先进可行和经济上的低耗、合理,力争以较少的投入取得最大的效益。

5. 坚持与项目建议书和可行性研究报告的编制深度相适应的原则。投资估算指标的分类、项目划分、项目内容、表现形式等要结合各专业实际,并且要与项目建议书和可行性研究报告的编制深度相适应。

(三) 投资估算指标的内容

投资估算指标是确定和控制建设项目全过程各项投资支出的技术经济指标,其范围涉及建设前期、建设实施期和竣工验收交付使用期等各个阶段的费用支出,内容因行业不同而各异,一般可分为建设项目综合指标、单项工程指标和单位工程指标三个层次。

1. 建设项目综合指标。建设项目综合指标是指按规定应列入建设项目总投资地从立项筹建开始至竣工验收交付使用的全部投资额。其主要包括单项工程投资、工程建设其他费用和预备费等。

建设项目综合指标一般以项目的综合生产能力单位投资表示,如"元/t""元/kW",或以使用功能表示,如(医院床位)元/床。

2. 单项工程指标。单项工程指标是指按规定应列入能独立发挥生产能力或使用效益的单项工程内的全部投资额，其包括建筑工程费、安装工程费、设备与生产工具购置费和其他费用。

3. 单位工程指标。单位工程指标按规定应列入能独立设计、施工的工程项目的费用，即建筑安装工程费用。

单位工程指标一般以如下方式表示：房屋区别于不同结构形式以"元/m^2"表示；道路区别于不同结构层、面层以"元/m^2"表示；水塔区别于不同结构层，容积以"元/座"表示；管道区别于不同材质、管径以"元/m"表示。

（四）投资估算指标的编制步骤

投资估算的编制是一项系统工程，它渗透的方面相当多，如产品规模、方案、工艺流程、设备选型、工程设计和技术经济等。因此，编制一开始就必须成立由专业人员和专家及相关领导参加的编制小组，制订一个包括编制原则、编制内容、指标的层次项目划分、表现形式、计量单位、计算、平衡和审查程序等内容的编制方案，具体指导编制工作。

投资估算指标编制工作一般可分为以下三个阶段进行：

1. 收集整理资料阶段。收集整理已建成或正在建设的，符合现行技术政策和技术发展方向的、有可能重复采用的、有代表性的工程设计施工图和设计标准以及相应的竣工决算或施工图预算资料等。这些资料是编制工作的基础，资料收集得越广泛，反映的问题也就越多，编制工作考虑得越全面，就越有利于提高投资估算指标的实用性和覆盖面。同时，对调查收集到的资料要选择占投资比重大、相互关联多的项目进行认真的分析整理，由于已建成或正在建设的工程的设计意图、建设时间和地点、资料的基础等不同，相互之间的差异很大，需要去粗取精、去伪存真地加以整理，才能重复利用。将整理后的数据资料按项目划分栏目加以归类，按照编制年度的现行定额、费用标准和价格，调整成编制年度的造价水平及相互比例。

2. 平衡调整阶段。由于调查收集的资料来源不同，虽然经过一定的分析整理，但难免会由于设计方案、建设条件和建设时间上的差异带来的某些影响，使数据失准或漏项等，必须对有关资料进行综合平衡调整。

3. 测算审查阶段。测算是将新编的指标和选定工程的概预算，在同一价格条件下进行比较，检验其"量差"的偏离程度是否在允许偏差的范围之内，如偏差过大，则要查找原因，并进行修正，以保证指标的确切、实用。测算同时也是对指标编制质量进行的一次系统检查，应由专人进行，以保持测算口径的统一，在此基础上组织有关专业人员予以全面审查定稿。

第六节 工程造价信息

一、工程造价信息及其主要内容

工程造价信息是一切有关工程造价的特征、状态及其变动的消息的组合。工程造价信息主要包括价格信息、工程造价指数和已完工程信息等。

(一) 价格信息

价格信息包括材料、人工工资、施工机械等的最新市场价格。这些信息是比较初级的，一般没有经过系统的加工处理，也可以称其为数据。

1. 材料价格信息。在材料价格信息的发布中，应披露材料类别、规格、单价、供货地区、供货单位以及发布日期等信息。

2. 人工价格信息。根据《关于开展建筑工程实物工程量与建筑工种人工成本信息测算和发布工作的通知》（建办标函〔2006〕765号）中的规定，开展人工成本信息发布工作是引导建筑劳务合同双方合理确定建筑工人（农民工）工资水平的基础，是建筑业企业合理支付工人劳动报酬的依据，也是工程招标投标中评定成本的依据。

3. 施工机械价格信息。施工机械价格信息包括设备市场价格信息和设备租赁市场价格信息两部分。相对而言，后者对于工程计价更为重要，发布的机械价格信息应包括机械种类、规格型号、供货厂商名称、租赁单价和发布日期等内容。

(二) 工程造价指数

1. 工程造价指数的概念与作用。工程造价指数（造价指数信息）是反映一定时期价格变化对工程造价影响程度的一种指数，它是调整生产要素价差的依据。它包括各种单项价格指数、设备及工器具价格指数、建筑安装工程造价指数、建设项目或单项工程造价指数。

根据已建工程竣工结算或竣工决算的造价资料和工程造价指数，可以编制拟建工程的投资估算、工程概算和工程预算，也可编制招标控制价、投标报价和调整工程造价价差，合理进行工程价款动态控制和动态结算等。工程造价指数反映了报告期与基期相比的价格变动程度和趋势，在工程造价管理中，工程造价指数具有以下作用：

（1）分析价格变动趋势及原因。

（2）估计工程造价变化对宏观经济的影响。

（3）合理进行工程估价、编制招标控制价、投标报价和调整价差，合理进行工程价款动态控制与结算。

2. 工程造价指数的分类。工程造价指数有不同的分类方式。

（1）按工程范围、类别和用途分类。

①单项价格指数是分别反映各类工程的人工、材料、施工机械及主要设备报告期与基期价格变化程度的指标。可利用其研究主要单项价格变化情况及趋势,如人工费价格指数、主要材料价格指数、施工机械价格指数等。

②综合价格指数是综合反映分部分项工程、单位工程、单项工程和建设项目的人工费、材料费、施工机械费和设备费等报告期对基期价格变化而影响工程造价的程度的指标,是研究造价总水平变动趋势和程度的主要依据,如分部分项工程直接费造价指数、措施费造价指数、间接费造价指数、单位建筑安装工程造价指数、单项工程造价指数和建设项目综合造价指数等。

(2) 按造价资料期限长短分类。

①时点造价指数是指不同时点价格对基期价格计算的相对数。

②月指数是指不同月份价格对基期价格计算的相对数。

③季指数是指不同季度价格对基期价格计算的相对数。

④年指数是指不同年度价格对基期价格计算的相对数。

(3) 按不同基期分类。

①定基指数是指各时期价格与某固定时期的价格对比计算后编制的指数。

②环比指数是指各时期价格都以其前一时期价格为基础计算的造价指数。例如,与上月对比计算的指数,为环比指数。

(三) 已完工程信息

已完或在建工程的各种造价信息,可以为拟建工程或在建工程造价提供依据。这种信息也可称为是工程造价资料。

二、工程造价资料的积累、分析和运用

(一) 工程造价资料及其分类

工程造价资料是指已竣工和在建的有使用价值的,并具有代表性的工程设计概算、施工图预算、招标投标价格、工程竣工结算、竣工决算、单位工程施工成本以及新材料、新结构、新设备和新施工工艺等建筑安装工程分部分项的单价分析等资料,特别是已建成工程的竣工结算、竣工决算资料。累积、分析的运用,对计算类似工程造价和编制有关定额等具有重要的作用。

工程造价资料可以分为以下几类:

1. 工程造价资料按照其不同工程类型(厂房、铁路、住宅、公建和市政工程等)进行划分,并分别列出其包含的单项工程和单位工程。

2. 工程造价资料按照其不同阶段,一般可分为项目可行性研究投资估算、初步设计概算、施工图预算、招标控制价、投标报价、竣工结算和竣工决算等。

3. 工程造价资料按照其组成特点,一般可分为建设项目、单项工程和单位工程造价资料,同时也包括有关新材料、新工艺、新设备和新技术的分部分项工程造价

资料。

(二) 工程造价资料积累的内容

工程造价资料积累的内容应包括主要工程量、人工工日量、材料量、机械台班量和价格，还包括对工程造价有重要影响的技术经济条件，如工程的概况和建设条件等。

1. 建设项目和单项工程造价资料。

（1）对造价有主要影响的技术经济条件，如项目建设标准、建设工期和建设地点等。

（2）主要的工程量、主要的材料量和主要设备的名称、型号、规格和数量等。

（3）投资估算、概算、预算、竣工决算及造价指数等。

2. 单位工程造价资料。单位工程造价资料包括工程的内容、建筑结构特征、主要工程量、主要材料的用量和单价、人工工日用量和人工费、机械台班用量和机械费，以及相应的造价等。

3. 其他。其他主要包括有关新材料、新工艺、新设备、新技术分部分项工程的人工工日、主要材料用量和机械台班用量。

(三) 工程造价资料的管理

1. 建立造价资料积累制度。1991年11月，原建设部印发了关于《建立工程造价资料积累制度的几点意见》的文件，标志着我国的工程造价资料积累制度的正式建立，工程造价资料积累工作正式开展。建立工程造价资料积累制度是工程造价计价依据极其重要的基础性工作。全面系统地积累和利用工程造价资料，建立稳定的造价资料积累制度，对于我国加强工程造价管理，合理确定和有效控制工程造价具有十分重要的意义。

工程造价资料积累的工作量非常大，牵涉面也非常广，应当依靠各级政府有关部门和行业组织进行组织管理。

2. 资料数据库的建立和网络化管理。大力推广使用计算机建立工程造价资料数据库，开发通用的工程造价资料管理程序，有效地提高了工程造价资料的适用性和可靠性。要建立造价资料数据库，首要的问题是工程的分类与编码。由于不同的工程在技术参数和工程造价组成方面有较大的差异，必须将同类型工程合并在一个数据库文件中，而将另一类型工程合并到另一数据库文件中。为了便于进行数据的统一管理和信息交流，必须设计出一套科学、系统的编码体系。

有了统一的工程分类与相应的编码之后，就可进行数据的搜集、整理和输入工作，从而得到不同层次的造价资料数据库。工程造价资料数据库的建立必须严格遵守统一的标准和规范。

3. 工程造价资料信息化建设。工程造价资料信息化是以工程造价资料为基础，以计算机技术、通信技术等现代信息技术在工程造价活动中的应用为主要内容，以工程造价信息专门技术的研发和专门人才培养为支撑，实现工程造价活动由传统信息的获取、加工、处理和纸上信息等方式向现代电子、网络方式转变，实现工程造价信息资源深度开发和利用的过程。

（四）工程造价资料的运用

1. 作为编制固定资产投资计划的参考，用以进行建设成本分析。由于基建支出不是一次性投入，一般是分年逐次投入，因此，可以采用下面的公式把各年发生的建设成本折合为现值：

$$z = \sum_{k=1}^{n} T_k (1+i)^{-k} \qquad (2-65)$$

式中 z——建设成本现值；

T_k——建设期间第 k 年投入的建设成本；

k——实际建设工期年限；

i——折现率。

在这个基础上，还可以用下式计算出建设成本节约额和建设成本降低率（当二者为负数时，表明的是成本超支的情况）：

建设成本节约额=批准概算现值-建设成本现值

$$建设成本降低率 = \frac{建设成本节约额}{批准概算} \times 100\% \qquad (2-66)$$

还可以按建设成本构成将实际数与概算数加以对比。对建筑安装工程投资，要分别从实物工程量和价格两个方面对实际数与概算数进行对比。对设备、工器具投资，则要从设备规格数量、设备实际价格等方面与概算进行对比。将各种比较的结果综合在一起，可以比较全面地描述项目投入实施的情况。

2. 进行单位生产能力投资分析。单位生产能力投资的计算公式为

单位生产能力投资=全部投资完成额/全部新增生产能力（使用能力） （2-67）

在其他条件相同的情况下，单位生产能力投资越小则投资效益越好。计算的结果可与类似的工程进行比较，从而评价该建设工程的效益。

3. 作为编制投资估算的重要依据。有了工程造价资料数据库，设计人员可以从中挑选出所需要的典型工程，运用计算机进行适当的分解与换算，加上设计人员的经验和判断，最后得出较为可靠的工程投资估算额。

4. 作为编制初步设计概算和审查施工图预算的重要依据。可以从造价资料中选取类似资料，将其造价与施工图预算进行比较，从中发现施工图预算是否存在偏差和遗漏。由于设计变更、材料调价等因素所带来的造价变化，在施工图预算阶段往往无法事先估计到，此时参考以往类似工程的数据，有助于预见到这些因素发生的可能性。

5. 作为确定招标控制价和投标报价的参考资料。工程造价资料可以向甲、乙双方指明类似工程的实际造价及其变化规律，使得甲、乙双方都可以对未来将发生的造价进行预测和准备，从而避免招标控制价和报价的盲目性。尤其是在工程量清单计价方

式下,投标人自主报价,没有统一的参考标准,除根据有关政府机构颁布的人工、材料、机械价格指数外,更大程度上依赖于企业已完工程的历史经验。

6.作为编制各类定额的基础资料。通过分析不同分部分项工程造价,造价管理部门就可以发现原有定额是否符合实际情况,从而提出修改方案。

三、工程造价指数的编制

(一) 指数的概念

指数是用来统计研究社会经济现象数量变化幅度和趋势的一种特有的分析方法和手段。

指数有广义和狭义之分,广义的指数是指反映社会经济现象变动与差异程度的相对数,如产值指数、产量指数、出口额指数等;而从狭义上说,统计指数是用来综合反映社会经济现象复杂总体数量变动状况的相对数。所谓复杂总体,是指数量上不能直接加总的总体。例如,不同的产品和商品,有不同的使用价值和计量单位,不同商品的价格也以不同的使用价值和计量单位为基础,都是不同度量的事物,是不能直接相加的。但通过狭义的统计指数就可以反映出不同度量的事物所构成的特殊总体变动或差异程度。如物价总指数、成本总指数等。

(二) 各种单项价格指数的编制

1.各种单项价格指标的编制

(1)人工费、材料费、施工机具使用费等价格指数的编制。这种价格指数的编制可以直接用报告期价格与基期价格相比后得到。其计算公式如下:

人工费(材料费、施工机具使用费)价格指数$=P_1/P_0$ （2-68）

式中 P_0——基期人工日工资单价(材料价格、施工机具台班单价);

P_1——报告期人工日工资单价(材料价格、施工机具台班单价)。

(2)企业管理费及工程建设其他费等费率指数的编制。其计算公式如下:

企业管理费(工程建设其他费)费率指数$=P_1/P_0$ （2-69）

式中 P_0——基期企业管理费(工程建设其他费)费率;

P_1——报告期企业管理费(工程建设其他费)费率。

2.设备、工器具价格指数的编制

综上所述,设备、工器具价格指数是用综合指数形式表示的总指数。运用综合指数计算总指数时,一般要涉及两个因素,一个是指数所要研究的对象,叫作指数化因素;另一个是将不能同度量现象过渡为可以同度量现象的因素,叫作同度量因素。当指数化因素是数量指标时,这时计算的指数称为数量指标指数;当指数化因素是质量指标时,这时的指数称为质量指标指数。很明显,在设备、工器具价格指数中,指数化因素是设备、工器具的采购价格,同度量因素是设备工器具的采购数量。因此,设备、工器具价格指数是一种质量指标指数。

(1) 同度量因素的选择。既然已经明确了设备、工器具价格指数是一种质量指标指数，那么同度量因素应该是数量指标，即设备、工器具的采购数量。那么就会面临一个新的问题，就是应该选择基期计划采购数量为同度量因素，还是选择报告期实际采购数量为同度量因素。因同度量因素选择的不同，可分为拉斯贝尔体系和派许体系。拉斯贝尔体系主张采用基期指标作为同度量因素，而派许体系主张采用报告期指标作为同度量因素。根据统计学的一般原理，确定同度量因素的一般原则是质量指标指数应当以报告期的数量指标作为同度量因素，即使用派氏公式，派氏质量指标指数 K_p 的计算公式为

$$K_p = \frac{\sum q_1 p_1}{\sum q_1 p_0} \qquad (2-70)$$

而数量指标指数则应以基期的质量指标作为同度量因素，即使用拉氏公式，拉氏数量指标指数 K_q，其计算公式为

$$K_q = \frac{\sum q_1 p_0}{\sum q_0 p_0} \qquad (2-71)$$

(2) 设备、工器具价格指数的编制。考虑到设备、工器具的采购品种很多，为简化起见，计算价格指数时可选择其中用量大、价格高、变动多的主要设备、工器具的购置数量和单价进行计算，按照派氏公式进行计算如下：

$$设备、工器具价格指数 = \frac{\sum(报告期设备、工器具单价 \times 报告期购置数量)}{\sum(基期设备、工器具单价 \times 报告期购置数量)} \qquad (2-72)$$

第三章　项目决策阶段造价控制

第一节　概述

一、建设项目决策的概念

建设项目决策是指投资者根据预期的投资目标，在调查、分析、研究的基础上，选择最佳投资方案的过程。建设项目决策的程序是在调查研究、收集资料的基础上提出预期目标，并在国家发展规划、地区发展计划及企业自身条件的指导下，确定若干投资方案，通过对方案的分析、比较，从而得出最佳投资方案，确定具体实施计划。建设项目决策是投资行动的准则，正确的项目投资行动来源于正确的建设项目决策，正确的建设项目决策是正确估算和有效控制工程造价的前提。一个合理的项目决策过程包含的基本步骤如图3-1所示。

二、建设项目决策阶段与工程造价的关系

（一）建设项目决策阶段的工作质量是控制工程造价的重点

该阶段的工作质量对总投资的影响高达70%左右，对投资效益的影响高达80%左右。相比之下，该阶段的费用较少，一般只占总投资的百分之几或千分之几。要控制工程造价，必须在决策阶段实事求是地进行市场分析；加强工程地质、水文地质以及征地、水源、供电、运输、环保等工程项目外部条件的工作深度；对各项贷款的条件应进行认真、细致的分析比较，才能保证项目决策的工作质量。

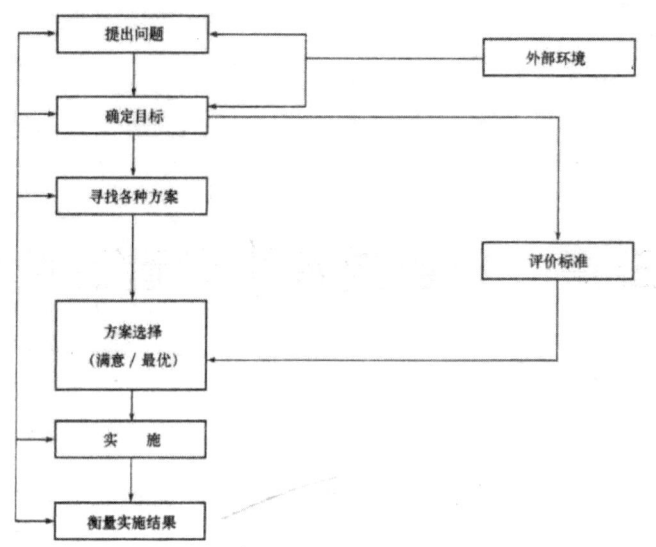

图 3-1 项目决策步骤示意图

（二）建设项目投资额的多少影响项目最终决策

进行项目决策时需要依据建设项目的投资估算。对于较为先进的投资方案，投资额过高的情况下，投资方并不能投入足够的资金，最终便不能开展此项目；审批可行性研究报告时，项目投资额越高，越不易做出决策。

（三）建设项目决策的深度影响投资估算的精确度，也影响工程造价的控制效果

在项目决策的不同阶段进行投资估算，其准确度存在一定差异。在编写项目建议书阶段，误差为±30%；在初步可行性研究阶段，误差为±20%；在详细可行性研究阶段，误差为±10%。在收集有效数据的基础上，运用合理的估算方法，考虑建设过程中的风险因素，计算投资额，才能保证其他各阶段的造价被控制在合理的范围内，保证项目总目标的实现。

第二节 建设项目可行性研究

建设项目的开发和建设是一项综合性经济活动，建设周期长，投资额大，涉及面广。为了使建设项目取得预期的收益，在项目决策阶段的可行性研究工作是不可或缺的。通过可行性研究，能够让投资者更好地把握项目的经济状况和风险性，在此科学分析的基础上合理筹措资金。

一、可行性研究的概述

（一）可行性研究的概念

建设项目可行性研究能够为项目决策打下基础，其具体含义为，对拟建项目涉的技术、经济和社会等因素进行深入的调查研究，对建设方案进行分析比较，同时预测投入使用阶段可能带来的综合效益。

（二）可行性研究的作用

对建设项目进行可行性研究，能够有效避免和降低由于不当决策引起的投资金额的增加，提高投资效益。具体作用如下：

1. 作为科学投资决策的依据

项目的开发和建设，需要投入大量的人力、物力和财力，受到社会、技术、经济等各种因素的影响，不能只凭感觉或经验就能确定，而是要在投资决策前，做好技术、经济和社会等方面的深入分析，在建设前期实施相应的主动控制，尽量减少不可控因素带来的投资损耗，提高经济效益，使投资决策更加科学、有效。

2. 作为筹措项目建设资金的依据

项目建设需要大量的资金，投资者在使用自有资金的基础上，还需向银行等金融组织、风险投资机构贷款，这些金融机构都把可行性研究报告作为项目申请贷款的前提，并且对项目可行性研究报告进行全面、细致的分析和评估，最后才能确定是否给予项目贷款。

3. 作为编制设计文件的依据

进行可行性研究和编制设计文件并不同步，但编制设计文件时仍应符合可行性研究报告中的有关规定，具体包括规模、地址、建筑设计方案、建设速度及投资额等。

4. 作为拟建项目与有关协作单位签订合同或协议的依据

有些建设项目可能需要引进设备和技术，在与外商签订购买协议时要以批准的可行性研究报告作为依据。另外，在建设项目实施过程中要与供水、供电、供气、通信等单位签订有关协议或合同，这时也以批准的可行性研究报告作为依据。

5. 作为地方政府、环保部门和规划部门审批项目的依据

建设项目在申请建设执照时，需要地方政府、环保部门和规划部门对建设项目是否符合环保要求、是否符合地方城市规划要求等方面进行审查，这些审查都是以可行性研究报告中的内容作为依据。

6. 作为项目实施的依据

经过项目可行性研究论证以后，确定项目实施计划和资金落实情况，才能保证项目的顺利实施。

（三）建设项目可行性研究阶段

可行性研究是一个从粗到细的分析研究过程，按国际惯例可分为三个阶段：

1. 机会研究

机会研究是指在一地区或部门内，以市场调查和市场预测为基础，进行粗略和系统的估算，来提出项目，选择最佳投资机会。它是对项目投资方向提出的原则设想。在机会研究以后，如果发现某项目可能获利时，就需要提出项目建议。在我国，项目

建议一般采用项目建议书的形式。该项目建议书一经批准，就可列入项目计划。

2. 初步可行性研究

如果对项目在技术和经济上做出较为系统的、明确的、详细的论证，是较费时间和财力的工作，所以，在下决心进行详细可行性研究以前，通常进行初步可行性研究，使项目设想较为详细并对该设想做出初步估计。

倘若项目建议书所提供的资料、数据足以对项目进行详细研究，则完成项目建议书后，可直接进行详细可行性研究。

3. 详细可行性研究

详细可行性研究是项目技术经济论证的关键环节，必须为项目提供政治、经济、社会等各方面的详尽情况，计算和分析项目在技术上、财务上、经济上的可行性后，做出投资与否决策的关键步骤。

可行性研究各阶段的深度要求可参照表3-1。

表3-1 可行性研究各阶段的深度要求

可行性研究阶段划分	工作深度	基础数据估算精度/%	研究费用占投资总额的比例/%	所需时间/月
机会研究	在若干个可能的投资机会中进行鉴别和筛选	±30	0.1~1.0	1~2
初步可行性研究	对选定的投资项目进行市场分析，进行初步技术经济评价，确定是否需要进行更深入的研究	±20	0.25~1.25	2~9
详细可行性研究	对需要进行更深入可行性研究的项目进行更细致的分析，减少项目的不确定性，对可能出现的风险制订防范措施	±10	大项目0.2~1.0 小项目1.0~3.0	3~6 或更长

在进行初步可行性研究后，应向有关部门上交项目建议书；进行可行性研究后，由合作方、合资方和主管部门组织专家评估可行性研究报告，对其进行审批，进一步提高决策的科学性。

二、建设项目可行性研究的步骤和内容

（一）建设项目可行性研究的基本工作步骤

可行性研究的基本工作步骤如图3-2所示。

第三章 项目决策阶段造价控制

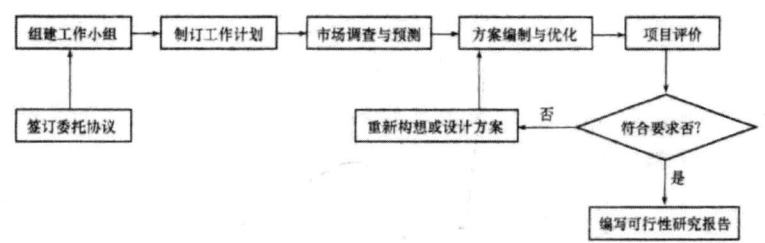

图 3-2 可行性研究的基本工作步骤

（二）建设项目可行性研究的内容

建设项目可行性研究报告是项目决策阶段最关键的一个环节，是主管部门进行审批的主要依据。简单来说，其主要是从技术和经济两种因素来分析、比较拟建项目的投资方案，选择出最为合适的投资方案，并形成可行性研究报告，经审批后，即做出了最终决策。一般工业项目可行性研究报告的内容包括下面几项：

1. 总论

项目背景，包括项目名称、项目的承办单位、承担可行性研究的单位、项目拟建地区和地点、项目提出的背景、投资的必要性和经济意义、研究工作的依据和范围；项目概况，包括拟建地点、建设规模与目标、主要建设条件、项目投入总资金及效益情况、主要技术经济指标。

2. 产品的市场分析和拟建规模

主要内容包括产品需求量调查，产品价格分析，预测未来发展趋势，预测销售价格、需求量，制订拟建项目生产规模，制订产品方案。

3. 资源、原材料、燃料及公用设施情况

主要内容包括资源评述，原材料、主要辅助材料需用量及供应，燃料动力及其公用设施的供应，材料试验情况。

4. 建设条件和厂址选择

建设地区选择主要包括拟建厂区的地理位置、地形、地貌基本情况，水源、水文地质条件，气象条件，供水、供电、运输、排水、电信、供热等情况，施工条件，市政建设及生活设施，社会经济条件等。

厂址选择主要包括厂址多方案比较，厂址推荐方案。

5. 项目设计方案

主要内容包括生产技术方法，总平面布置和运输方案，主要建筑物、构筑物的建筑特征与结构设计，特殊基础工程的设计，建筑材料，土建工程造价估算，给排水、动力、公用工程设计方案，地震设防，生活福利设施设计方案等。

6. 环境保护与劳动安全

分析建设地区的环境现状，分析主要污染源和污染物，项目拟采用的环境保护标准，治理环境的方案、环境监测制度的建议，环境保护投资估算，环境影响评价结论，劳动保护与安全卫生。

7. 企业组织、劳动定员和人员培训

主要内容包括企业组织形式，企业工作制度，劳动定员，年总工资和职工年平均工资估算，人员培训及费用估算。

8. 项目施工计划和进度安排

明确项目实施的各阶段，编制项目实施进度表、项目实施费用等内容。

9. 投资估算与资金筹措

项目总投资估算包括建设投资估算、建设期利息估算和流动资金估算；资金筹措包括资金来源和项目筹资方案；投资使用计划包括投资使用计划和借款偿还计划。

10. 项目经济评价

主要内容包括财务评价基础数据测算，项目财务评价，国民经济评价，不确定性分析，社会效益和社会影响分析等。

11. 项目结论与建议

根据项目综合评价，提出项目可行或不可行的理由，并提出存在的问题及改进建议。

第三节　建设项目投资估算

一、建设项目投资估算的特点和内容

（一）建设项目投资估算的特点

进行建设项目的投资估算时，由于条件限制，考虑因素不够成熟，不可预见的因素非常大，投资估算的难度较大，所以在估算中有以下特点：

①项目设计方案较粗略，技术条件内容较粗浅，假设因素较多。

②项目具有较为多变的技术条件，故进行估算的难度较大，应适当留出误差的允许范围。

③应用静态投资估算法，操作人员应具备丰富的经济分析经验。

④估算的范围较广，需要操作人员掌握较多的相关政策。

（二）建设项目总投资估算的内容

建设项目总投资估算的内容如图 3-3 所示。

二、国内外投资估算阶段划分与精度要求

如图 3-4 所示，为国内外投资估算阶段划分与精度要求的比较。

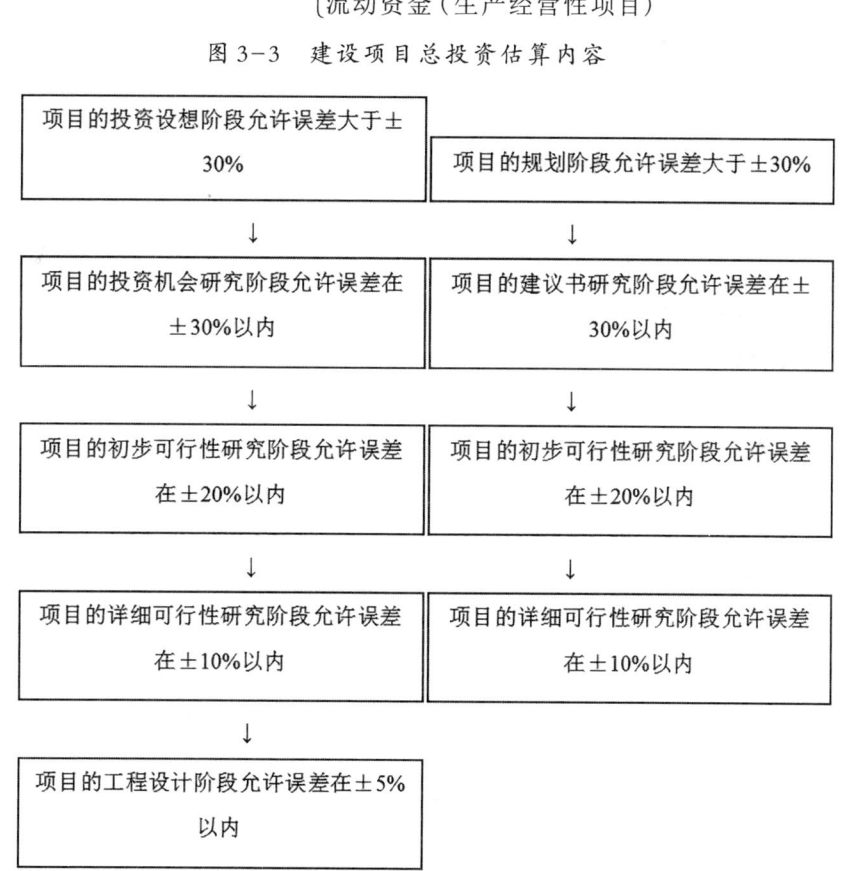

图 3-3 建设项目总投资估算内容

图 3-4 国内外投资估算阶段划分与精度要求的比较

三、投资估算的编制方法

投资估算属于项目建设前期的工作，编制时要从大方向入手，根据项目的性质、不同阶段的条件，有针对地选用适宜的方法，做到粗中有细，尽可能提高投资估算的科学性和准确性。

（一）静态建设投资的简单估算方法

静态建设投资估算的编制方法较多，但各种方法的适用范围不同，精确度也不同。应按建设项目的性质、内容、范围、技术资料和数据的具体情况,有针对性地选用较为适宜的方法。

1. 项目建议书阶段投资估算方法

①生产能力指数法。

根据已建成的性质相类似的工程或装置的实际投资额及生产能力,按拟建项目的生产能力进行推算。

$$C_2 = C_1 \left(\frac{x_2}{x_1} \right) \cdot f \qquad (3-1)$$

式中,C_1为已建成的类似项目的投资额;C_2为拟建类似项目的投资额;x_1为已建成的类似项目的生产能力;x_2为拟建类似项目的生产能力;f为综合调整系数;n为生产能力指数。

该方法常用于估算拟建成套生产工艺设备的投资额,一般来说,n的取值为0<n≤1,当生产规模扩大不超过9倍,且仅增大设备尺寸时,n的取值为0.6~0.7;当设备尺寸变化不大,且规模扩大时,n的取值为0.8~1;对于试验性和高温、高压的生产性工厂,n的取值为0.3~0.5。在我国,生产能力指数法在项目建议书阶段较为适用。

②系数估算法。

设备系数法。根据拟建项目的设备购置费和已建项目工程费用占设备购置费的比例,得到拟建项目的工程费用,通过加和最终得到静态投资额。具体计算时应采用如下公式:

$$C = E(1 + f_1 P_1 + f_2 P_2 + f_3 P_3 + \cdots) + I \qquad (3-2)$$

式中,C为拟建项目的静态投资额;E为拟建项目的设备购置费;P_1、P_2、P_3、…为已建项目中工程费用占设备购置费用的比例;f_1、f_{12}、f_3、…为综合调整系数;I为其他费用。

主体专业系数法。根据与生产能力相关的工艺设备投资和拟建项目的工程费用占设备投资的比例,得到拟建项目的投资费用,通过加和最终得到静态投资。具体计算时应采用如下公式:

$$C = E(1 + f_1 P_1^1 + f_2 P_2^1 + f_3 P_3^1 + \cdots) + I \qquad (3-3)$$

式中,E为与生产能力直接相关的工艺设备投资;P_1^1、P_2^1、P_3^1、…为已建项目中各专业工程费用与工艺设备投资的比重;I为其他费用。

其他符号代表的含义与前面相同。

朗格系数法。以主要设备费为基础,乘以适当系数,估算拟建项目投资额。按下式进行计算:

$$C = E \cdot (1 + \Sigma K_i) K_c \qquad (3-4)$$

式中,K_i为管线、仪表、建筑物等设备费的估算系数;K_c为包括管理费、合同费、应急费等间接费在内的总估算系数。

其他符号代表的含义与前面相同。

静态投资与设备购置费的比值称作朗格系数 K_L,即

$$K_L = (1 + \Sigma K_i) K_c \tag{3-5}$$

③比例估算法。

根据已建成类似项目工程费用占主要设备费的百分数,先估算出拟建项目的主要设备购置费,再估算拟建项目投资额。按下式进行计算:

$$I = \frac{1}{K} \sum_{i=1}^{n} Q_i P_i \tag{3-6}$$

式中,I为拟建项目的静态投资;K为已建项目主要设备费占已建项目投资的比例;n为主要设备种类数;Q_i为第i种主要设备的数量;P_i为第i种主要设备的购置单价。

2.可行性研究阶段投资估算方法

①建筑工程费用估算。

该费用用于建造永久性的建筑物,进行估算时常采用单位实物工程量投资估算法,即以单位实物工程量的建筑工程费乘以实物工程总量来估算建筑工程费。实际工作中可根据具体条件和要求选用。一般多层轻工车间(厂房)每100m²建筑面积的主要工程量指标见表3-2。

表3-2 厂房主要工程量指标

项目	单位	框架结构(3~5层)	砖混结构(2~4层)
基础(钢筋混凝土、砖、毛石等)	m³	14~20	16~25
外墙(1~1.5砖)	m³	10~12	15~25
内墙(1砖)	m³	7~15	12~20
钢筋混凝土(现、预制)	m³	19~31	18~25
门(木)	m²	4~8	6~10
屋面(卷材平屋面)	m²	20~30	25~50

②设备及工、器具购置费估算。

对于设备购置费的估算,应参考设备表及价格;对于工、器具购置费应按适当的比例进行估算。除此以外,对于不同价格的设备应以每台或每类进行估算,价格较高时,按每台计;价格较低时,按每类计。

③安装工程费估算。

安装工程费包括安装主材费和安装费。其中,安装主材费应按照有关部门制订的价格信息来估算;安装费根据设备专业属性,以重量或长度等为单位,套用相应的投资估算指标或类似工程造价资料进行估算。

④工程建设其他费用估算。

应参照合同中的规定进行估算,若并无明确规定,应以有关部门提出的相关计算

方法进行估算。

(二) 建设期利息估算

建设期利息是指建设单位为项目融资而向银行贷款，在项目建设期内应偿还的贷款利息。进行估算时，应在项目进度计划的基础上，制订投资的分年计划，给出每年的投资金额。应采用下面的公式进行计算：

$$每年应计利息 = \frac{年初贷款本息累计 + 本年贷款额}{2} \times 年利率 \qquad (3-7)$$

注意：计息周期小于一年时，上述公式中的年利率应为有效年利率，则有效年利率的计算公式如下：

$$有效年利率 = (1+r/m)^m - 1 \qquad (3-8)$$

式中，r 为名义年利率；m 为每年计息次数。

(三) 流动资金投资估算

流动资金是指供生产和经营过程中周转使用的资金。它用于购买原材料、燃料等形成生产储备，然后投入生产，经过加工，制成产品，收回货币。

1. 分项详细估算法

所谓的分项指的是分别对流动资产和流动负债进行估算，计算时应采用如下公式：

流动资金 = 流动资产 - 流动负债 (3-9)

流动资产 = 应收账款 + 预付账款 + 存货 + 现金 (3-10)

流动负债 = 应付账款 + 预收账款 (3-11)

流动资金本年增加额 = 本年流动资金 - 上年流动资金 (3-12)

估算流动资金的过程中，涉及的各项应按照下面的公式进行计算。

①周转次数为流动资金在一年内循环的次数。

年周转次数 = 360 ÷ 最低周转天数 (3-13)

最低周转天数应依据同类项目的平均周转天数和项目的具体情况来确定，也可以直接采用有关部门规定的天数。

②应收账款指的是企业在销售产品或提供服务后并未收到相应的款项。

应收账款 = 年经营成本 / 应收账款年周转次数 (3-14)

③预付账款是企业为购买各类材料、半成品或服务所预付的款项。

预付账款 = 外购商品或服务年费用金额 / 预付账款年周转次数 (3-15)

④存货指的是企业用于销售或生产而储备的各类物资，主要有外购原材料、燃料、其他材料、在产品和产成品等。

存货 = 外购原材料、燃料 + 其他材料 + 在产品 + 产成品 (3-16)

年外购原材料、燃料 = 年其他材料费用 / 其他材料周转次数 (3-17)

其他材料 = 年其他材料费用 / 其他材料周转次数 (3-18)

2. 扩大指标估算法

扩大指标估算法应用起来较为简便，通常利用类似项目的销售收入、经营成本、总成本和建设投资等乘以流动资金占各项投资的比例，如下所示：

$$年流动资金金额 = 年费用基数 \times 各类流动资金率 \qquad (3-19)$$

该方法虽较为简单，但精确度较差，常用于项目建议书阶段。

第四节 建设项目财务评价

一、财务评价概述

(一) 建设项目财务评价的概念

所谓财务评价指的是根据社会以及行业发展的要求，在国家现行财税制度下，分析预测项目的财务效益与费用，计算财务评价指标，考察拟建项目的盈利能力、清偿能力，为项目科学决策提供依据。

(二) 财务评价的程序

1. 收集、整理和计算有关的基础数据资料

①项目生产规模和产品品种方案。

②项目总投资估算和分年度使用计划，包括固定资产投资和流动资金。

③项目生产期间分年产品成本，分别计算出总成本、经营成本、单位产品成本、固定成本和变动成本。

④项目资金来源方式、数额及贷款条件（包括贷款利率、偿还方式、偿还时间和分年还本付息额）。

⑤项目生产期间分年产品销量、销售收入、销售税金和销售利润及其分配额。

⑥实施进度，包括建设期、投产和达产的时间及进度等。

2. 编制基本的财务报表

包括项目投资财务现金流量表、项目资本金现金流量表、投资各方财务现金流量表、利润和利润分配表、资产负债表、财务计划现金流量表等。此外，还应编制辅助报表，其格式可参照国家规定或推荐的报表进行编制。

3. 财务评价指标的计算与评价

根据财务评价报表，计算各财务评价指标，并分别与对应的项目评价参数进行比较，对各项财务状况做出评价并得出结论。

4. 进行不确定性分析

采用不同的不确定性分析方法，分析项目可能面临的风险及项目在不确定情况下的抗风险能力。

5. 得出评价结论

由上述分析得出项目在不确定情况下的财务评价结论和建议。

财务评价的工作程序如图3-5所示。

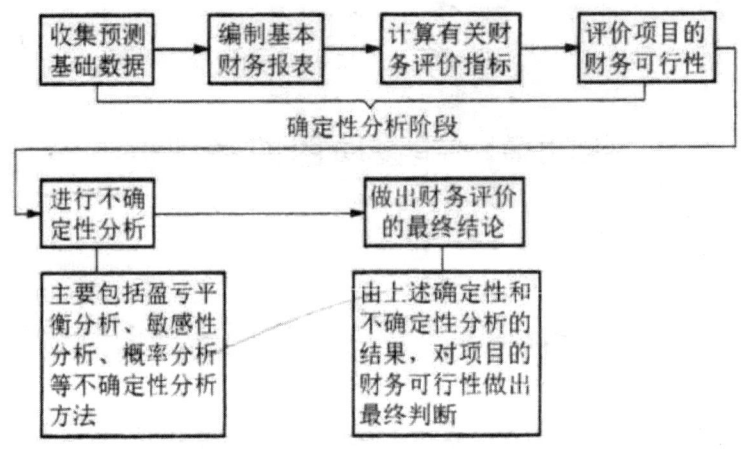

图3-5 财务评价的基本程序

二、财务评价指标

(一) 资金时间价值

资金时间价值是指一定量的资金在不同时点上具有不同的价值。

1. 复利计算

复利指的是某一计息周期的利息是由本金加上先前计息周期所累积利息总额之和计算的,在考虑资金时间价值时,需明确以下几个参数的含义。

i 表示利率;

n 表示计息的期数;

P 表示现值,指资金发生在某一特定时间序列起点时的价值;

F 表示终值,指资金发生在某一特定时间序列终点时的价值;

A 表示年金,指资金发生在某一特定时间序列各计息期末的等额资金序列的价值;

将P、F与A之间的换算公式以及对应的现金流量图进行归纳后见表3-3。

表3-3 资金等值换算公式汇总

公式名称		已知	求解	公式	系数名称符号	现金流量图
整付	终值公式	现值P	终值F	$F=P(1+i)^n$	(F/P, I, n)	
	现值公式	终值F	现值P	$P=F(1+i)^{-n}$	(P/F, I, n)	

续表

公式名称		已知	求解	公式	系数名称符号	现金流量图
等额分付	终值公式	年值A	终值F	F=A×[(1+i)^n-1]/i	(F/A, I, n)	
	偿债基金公式	终值F	年值A	A=F×i/[(1+i)^n-1]	(A/F, i, n)	
	现值公式	年值A	现值P	P=A×[(1+i)^n-1]/[i(1+i)^n]	(P/A, i, n)	
	资本回收公式	现值P	年值A	A=P×[i(1+i)^n]/[(1+i)^n-1]	(A/P, I, n)	

2. 利率、名义利率与有效利率

利率是在一个计息周期内所应付出的利息额与本金之比，或是单位本金在单位时间内所支付的利息。

$$i = \frac{I}{P} \times 100\% \qquad (3-20)$$

式中，I为利息。

设名义利率为r，在1年中计算利息m次，则每期的利率为r/m，假定年初借款P，则1年后的复本利和为：

$$F = P(1+r/m)^m \qquad (3-21)$$

由上式可知，当m=1时，实际利率i等于名义利率r，当m大于1时，实际利率i将大于名义利率r；而且m越大，两者相差也越大。

（二）财务评价指标体系

建设项目财务评价指标体系根据不同的标准，可以作不同的分类形式，包括以下几种。

1. 根据是否考虑资金时间价值、进行贴现运算

按照此种分类方法，可将其分为静态分析方法与指标、动态分析方法与指标。静态分析时不考虑资金时间价值、进行贴现运算，动态分析时则考虑。其财务评价指标体系如图3-6所示。

```
                          ┌ 静态投资回收期
                          │ 借款偿还期
                          │ 偿债备付率
              ┌ 静态分析指标 ┤ 利息备付率
              │           │ 总投资收益率
              │           │ 资本金净利润率
              │           │         ┌ 资产负债率
项目财务分析指标 ┤           └ 财务比率 ┤ 流动比率
              │                     └ 速动比率
              │           ┌ 动态投资回收期
              └ 动态分析指标 ┤ 财务内部收益率
                          └ 财务净现值
```

图 3-6　财务评价指标体系（其一）

2. 按照指标的经济性质

可以分为时间性指标、价值性指标、比率性指标，其财务评价指标体系如图 3-7 所示。

```
              ┌ 时间性指标 ┬ 投资回收期
              │          └ 借款偿还期
              │ 价值性指标 — 财务净现值
财务分析指标   ┤          ┌ 财务内部收益率
              │          │ 偿债备付率
              │          │ 利息备付率
              └ 比率性指标 ┤ 总投资收益率
                         │ 资本金净利润率
                         └ 财务比率
```

图 3-7　财务评价指标体系（其二）

3. 按照指标所反映的评价内容

可以分为盈利能力分析指标和偿债能力分析指标，其财务评价指标体系如图 3-8 所示。

```
                            ┌ 财务内部收益率
                            │ 财务净现值
              ┌ 盈利能力分析指标 ┤ 投资回收期
              │                │ 总投资收益率
              │                └ 资本金净利润率
财务分析指标   ┤                ┌ 借款偿还期
              │                │ 偿债备付率
              └ 偿债能力分析指标 ┤ 利息备付率
                               └ 财务比率
```

图 3-8　财务评价指标体系（其三）

三、基本财务报表的编制

(一) 资产负债表

资产负债表是指综合反映项目计算期各年年末资产、负债和所有者权益的增减变化以及对应关系的一种报表，如表3-4所示。

表3-4 资产负债表　　　　　　　　　　　单位：万元

序号	项目	计算期					
		1	2	3	4	…	n
1	资产						
1.1	流动资产总额						
1.1.1	货币资金						
1.1.2	应收账款						
1.1.3	预付账款						
1.1.4	存货						
1.1.5	其他						
1.2	在建工程						
1.3	固定资产净值						
1.4	无形及其他资产净值						
2	负债及所有者权益						
2.1	流动负债总额						
2.1.1	短期借款						
2.1.2	应付账款						
2.1.3	预收账款						
2.1.4	其他						
2.2	建设投资借款						
2.3	流动资金借款						
2.4	负债小计（2.1+2.2+2.3）						
2.5	所有者权益						
2.5.1	资本金						
2.5.2	资本公积						
2.5.3	累积盈余公积						
2.5.4	累积未分配利润						
计算指标：资产负债率/（%）							

资产负债表中，负债包括流动负债总额、建设投资借款流动资金借款。其中，应付账款指项目建设和运营中购进商品或接受外界提供劳务、服务而未付的欠款。流动

资金借款是指从银行或其他金融机构借入的短期贷款。建设投资借款指项目建设期用于固定资产方面的期限在1年以上的银行借款、抵押贷款和向其他单位的借款。

资产负债表分析可以提供四个方面的财务信息：项目所拥有的经济资源，项目所负担的债务，项目的债务清偿能力以及项目所有者所享有的权益。

（二）利润与利润分配表

利润与利润分配表是反映项目计算期内各年的营业收入、总成本费用、利润总额、所得税及税后利润分配情况的重要财务报表，如表3-5所示。

表3-5 利润与利润分配表　　单位：万元

序号	项目	合计	计算期				
			1	2	3	4	…	11
1	营业收入							
2	营业税金及附加							
3	总成本费用							
4	补贴收入							
5	利润总额（1-2-3+4）							
6	弥补以前年度亏损							
7	应纳税所得额（5-6）							
8	所得税							
9	净利润（5-8）							
10	期初未分配利润							
11	可供分配利润（9+10）							
12	提取法定盈余公积金							
13	可供投资者分配利润（11-12）							
14	应付优先股股利							
15	提取任意盈余公积金							
16	应付普通股股利（13-14-15）							
17	各投资方利润分配							
18	未分配利润（13-14-15-17）							
19	息税前利润（利润总额+利息支出）							
20	息税折旧摊销前利润（息税前利润总额+折旧+摊销）							

所得税后利润的分配按照下列顺序进行：①提取法定盈余公积金；②向投资者分配优先股股利；③提取任意盈余公积金；④向各投资方分配利润，也就是应付普通股股利；⑤未分配利润指的是由可供分配利润扣除以上各项应付利润后的余额。

(三) 现金流量表

1. 项目投资现金流量表

项目投资现金流量表是从项目投资总获利能力角度，考察项目方案设计的合理性，如表3-6所示。计算期的年序为1，2，…，n，建设开始年作为计算期的第1年，年序为1。

表3-6　项目投资现金流量表　单位：万元

序号	项目	合计	计算期					
			1	2	3	4	…	11
1	现金流入							
1.1	营业收入							
1.2	补贴收入							
1.3	回收固定资产余值							
1.4	回收流动资金							
2	现金流出							
2.1	建设投资							
2.2	流动资金							
2.3	经营成本							
2.4	营业税金及附加							
2.5	维持运营投资							
3	所得税前净现金流量（1-2）							
4	累积所得税前净现金流量调整所得税							
5	调整所得税							
6	所得税后净现金流量（3-5）							
7	累积所得税后净现金流量							
计算指标：								
项目投资财务内部收益率（%）（所得税前）								
项目投资财务内部收益率（%）（所得税后）								
项目投资财务净现值（所得税前）（i_c=%）								
项目投资财务净现值（所得税后（i_c=%）								
项目投资回收期/年（所得税前）								
项目投资回收期/年（所得税后）								

2. 项目资本金现金流量表

资本金现金流量表是在投资金额的基础上，以项目投资方的观点考虑问题，将本金偿还和利息支付视作现金流出，从而评判项目的内部收益率，该指标可以反映项目投资的盈利能力，如表3-7所示。

表3-7 项目资本金现金流量表　单位：万元

序号	项目	合计	计算期					
			1	2	3	4	…	11
1	现金流入							
1.1	营业收入							
1.2	补贴收入							
1.3	回收固定资产余值							
1.4	回收流动资金							
2	现金流出							
2.1	项目资本金							
2.2	借款本金偿还							
2.3	借款利息支付							
2.4	经营成本							
2.5	营业税金及附加							
2.6	所得税							
2.7	维持运营投资							
3	净现金流量（1-2）							
计算指标：								
资本金财务内部收益率（%）								

3. 投资各方现金流量表

投资各方现金流量表主要考察投资各方的投资收益水平，投资各方通过计算投资各方财务内部收益率，分析项目融资后投资各方投入资本的盈利能力，如表3-8所示。

表3-8 投资各方现金流量表　单位：万元

序号	项目	合计	计算期					
			1	2	3	4	…	n
1	现金流入							
1.1	实分利润							
1.2	资产处置收益分配							
1.3	租赁费收入							
1.4	技术转让或使用收入							
1.5	其他现金流入							
2	现金流出							
2.1	实缴资本							
2.2	租赁资产支出							
2.3	其他现金流出							

续表

序号	项目	合计	计算期					
			1	2	3	4	…	n
3	净现金流量（1-2）							
计算指标：								
投资各方财务内部收益率（%）								

（四）财务外汇平衡表

财务外汇平衡表适用于有外汇收支的项目，用于反映项目计算期内各年外汇余缺程度，进行外汇平衡分析，如表3-9所示。

表3-9 财务外汇平衡表　单位：万元

序号	项目	合计	建设期		投产期		达到设计能力生产期			
			1	2	3	4	5	6	…	n
	生产负荷/%									
1	外汇来源									
1.1	产品收入外汇收入									
1.2	外汇借款									
1.3	其他外汇收入									
2	外汇应用									
2.1	固定资产投资中外汇支出									
2.2	进口原材料									
2.3	进口零部件									
2.4	技术转让费									
2.5	偿付外汇借款本息									
2.6	其他外汇支出									
2.7	外汇余缺									

注：1. 其他外汇收入包括自筹外汇等。
　　2. 技术转让费是指生产期支付的技术转让费。

四、建设项目不确定性分析

为了尽量避免投资决策失误，有必要进行不确定性分析与风险分析，提出项目风险的预警、预报和相应的对策，为投资决策服务。

（一）盈亏平衡分析

盈亏平衡分析是通过项目盈亏平衡点（BEP）分析项目成本与收益的平衡关系的一种方法。

盈亏平衡点又称为保本点，是指产品销售收入等于产品总成本费用，即产品不亏不盈的临界状态。盈亏平衡点越低，表明项目适应市场变化的能力越大，抗风险能力越强。在这里只简单介绍线性盈亏平衡分析。

线性盈亏平衡分析只在下述前提条件下才能适用：

①单价与销售量无关。

②可变成本与产量成正比，固定成本与产量无关。

③产品不积压。

盈亏平衡分析就是要找出盈亏平衡点。确定线性盈亏平衡点的方法有图解法和代数法。

1. 图解法

图解法是将销售收入、固定成本、可变成本随产量（销售量）变化的关系画出盈亏平衡图，在图上找出盈亏平衡点。

盈亏平衡图是以产量（销售量）为横坐标，以销售收入和产品总成本费用（包括固定成本和可变成本）为纵坐标绘制的销售收入曲线和总成本费用曲线。两条曲线的交点即为盈亏平衡点。与盈亏平衡点对应的横坐标，即为以产量（销售量）表示的盈亏平衡点。在盈亏平衡点的右方为盈利区，在盈亏平衡点的左方为亏损区。随着销售收入或总成本费用的变化，盈亏平衡点将随之上下移动（如图3-9所示）。

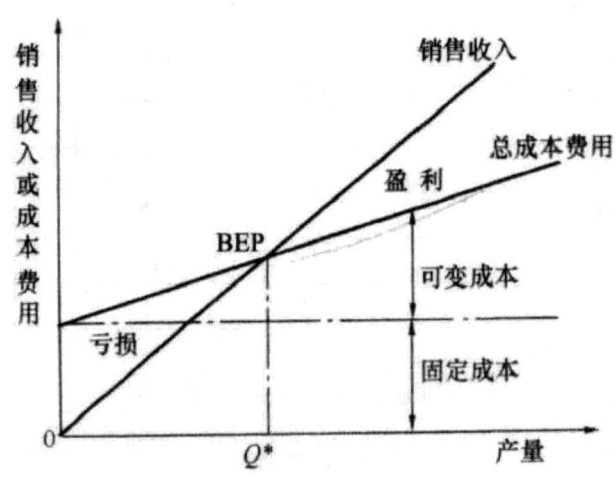

图3-9 线性盈亏平衡分析图

2. 代数法

代数法是将销售收入的函数和总成本费用的函数，用数学方法求出盈亏平衡点。

年销售收入=（单位产品售价-单位产品销售税金及附加）×年产量

年总成本费用=年固定成本+单位可变成本×年产量

因为，年销售收入=年总成本费用

（单位产品售价-单位产品销售税金及附加）×年产量=年固定成本+单位可变成

本×年产量

（二）敏感性分析

1. 敏感性分析的概念和作用

敏感性是指影响方案的因素中一个或几个估计值发生变化时，引起方案经济效果的相应变化，以及变化的敏感程度。分析各种变化因素对方案经济效果影响程度的工作称为敏感性分析。

2. 敏感性分析的步骤

①确定敏感性分析的研究对象。一般应根据具体情况，选用能综合反映项目经济效果的评价指标作为研究对象。

②选择不确定性因素。在财务分析过程中，各种财务基础数据都是估算和预测得到的，因此都带有不确定性，如投资额、单价、产量等都为不确定性因素。

③计算各不确定性因素对评价指标的影响。当不确定性因素变动5%、10%、20%时，计算其评价指标，反映其变动程度。可用敏感度系数（变化率）表示。

敏感度系数=评价指标变化率/不确定因素变化率

④确定敏感性因素。敏感度系数的绝对值越大，表示该因素的敏感性越大，抗风险能力越弱。对敏感性较大的因素，在实际工程中要严加控制和掌握。

进行敏感性分析时，常采用如下方法：一种是单因素分析法，此法仅考虑一个因素发生变化，其他因素并未变化，会对经济效果指标产生何种影响。多因素敏感性分析考虑各个不确定性因素均发生改变，且具有相同的可能性，会对经济效果指标产生何种影响。常用敏感性分析图来表示分析结果，如图3-10所示。

某因素对全部投资内部收益率的影响曲线越接近纵坐标，表明该因素敏感性较大；某因素对全部投资内部收益率的影响曲线越接近横坐标，表明该因素敏感性较小。对经济效果指标的敏感性影响大的那些因素，在实际工程中要严加控制和掌握，以免影响直接的经济效果；对于敏感性较小的那些影响因素，稍加控制即可。

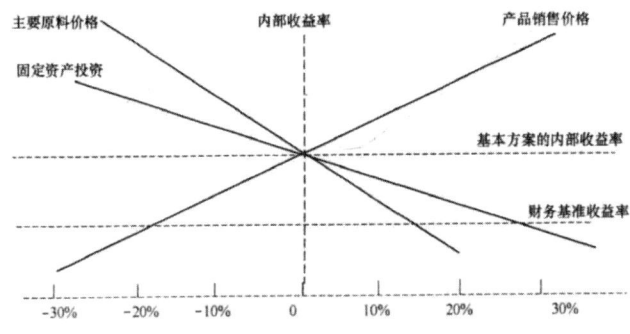

图3-10 敏感性分析示意图

第四章　项目设计阶段造价控制

第一节　设计阶段造价控制概述

一、设计阶段造价控制的主要工作内容

设计阶段造价控制是指在设计阶段，工程设计人员和工程经济人员密切配合，运用一系列科学的方法和手段对设计方案进行选择和优化，正确处理好技术与经济的对立统一关系，从而主动地影响工程造价，以达到有效地控制工程造价的目的。建设项目设计的各个工作阶段造价控制的内容又有所不同。

（一）设计准备阶段

设计人员与造价咨询人员密切合作，通过对项目建议书和可行性研究报告内容的分析，了解业主方对设计的总体思路和项目利益相关者的不同要求，充分了解和掌握各种有关的外部条件和客观情况，还要考虑工程已具备的各项使用要求。

（二）方案设计阶段

在初步方案设计阶段，设计单位或者个人和造价咨询人员通过考虑工程与周围环境之间的关系，对工程的主要内容的安排进行布局设想。在这个过程中，设计单位或个人要考虑到项目利益相关者对建设项目的不同要求，妥善解决建设项目工程和周围环境的相容性和协调性问题。工程造价人员应做出各专业详细的建安工程造价估算书。

（三）初步设计阶段

初步设计阶段是设计阶段中的一个关键性阶段，也是整个设计构思基本形成的阶段。初步设计阶段主要应明确拟建工程和规定期限内进行建设的技术可行性和经济合理性，规定主要技术方案、工程总造价和主要技术经济指标。

(四) 技术设计阶段

技术设计阶段是初步设计的具体化，也是各种技术问题的定案阶段。技术设计的详细程度应满足确定设计方案中重大技术问题和有关试验、设备选择等方面的要求，能保证在建设项目采购过程中确定建设项目建设材料采购清单。

(五) 施工图设计阶段

施工图设计阶段是设计工作和施工工作的桥梁。其具体包括建设项目各部分工程的详图和零部件、结构构件明细表以及验收标准和验收方法等。施工图设计的深度应能满足设备材料的选择与确定、非标准设备的设计与加工制作、施工图预算的编制以及建筑工程施工和安装的要求。

(六) 设计交底和配合施工

施工图发出后，根据现场需要，设计单位应派人到施工现场，与建设单位、施工单位等共同会审施工图，进行技术交底，介绍设计意图和技术要求，修改不符合实际和有错误的图纸，参加试运转和竣工验收，解决试运转过程中的各种技术问题，并检验设计的正误和完善程度。

对于大、中型工业项目和大型复杂的民用建设工程项目，应派现场设计代表积极配合现场施工并参加隐蔽工程验收。

二、设计阶段影响工程造价的主要因素

国内外实践证明，对工程造价影响最大的阶段，是约占一个工程项目总建设周期四分之一的设计阶段。在初步设计阶段，影响工程造价的可能性为75%~95%；至施工图设计结束，影响工程造价的可能性为35%~75%；而从施工开始，通过技术组织措施节约工程造价的可能性只有5%~10%。由此可见，控制工程造价的关键在于施工前的投资决策和设计阶段，而在项目做出投资决策后，控制造价的关键就在于设计阶段。

(一) 总平面设计

总平面设计是否合理对于整个设计方案的经济合理性有着重大影响。合理的总平面设计可以极大地减少建筑工程量，节约建设用地，节省建设投资，降低工程造价和项目运行后的使用成本，加快建设进度，并可以为企业创造良好的生产组织、经营条件和生产环境，还可以为城市建设和工业区创造完美的建筑艺术整体。总平面设计中影响工程造价的因素有以下内容：

1. 占地面积。占地面积的大小会影响征地费用的高低，也会影响管线布置成本及项目建成运营的运输成本。因此，在总平面设计中应尽量节约用地。

2. 功能分区。无论是工业建筑还是民用建筑都是由许多功能组成，这些功能之间相互联系、相互制约。合理的功能分区既可以使建筑物的各项功能充分发挥，又可以使总平面布置紧凑、安全，避免大挖大填，减少土石方量，节约用地，降低工程造

价。同时，合理的功能分区还可以使生产工艺流程流畅、运输简便、降低项目建成后的运营成本。

3. 运输方式的选择。不同的运输方式其运输效率及成本不同。有轨运输运量大，运输安全，但需要一次性投入大量资金；无轨运输无须一次性大规模投资，但是运量小、运输安全性较差。从降低工程造价的角度来看，应尽可能选择无轨运输，可以减少占地、节约投资。但是运输方式的选择不能仅仅考虑工程造价，还应考虑项目运营的需要，如果运输量较大，则有轨运输往往比无轨运输成本低。

（二）工艺设计

一般来说，先进的技术方案所需投资较大，其劳动生产率较高、产品质量好。因此，选择工艺技术方案时，应认真进行经济分析，根据我国国情和企业的经济与技术实力，以提高投资的经济效益和企业投产后的运营效益为前提，积极稳妥地采用先进的技术方案和成熟的新技术、新工艺，确定先进适度、经济合理、切实可行的工艺技术方案。

（三）建筑设计

建筑设计部分，要在考虑施工过程的合理组织和施工条件的基础上，决定工程的立体平面设计和结构方案的工艺要求。根据建筑物和构筑物及公用辅助设施的设计标准，给出建筑工艺方案、暖气通风、给水排水等问题的简要说明。在建筑设计阶段影响工程造价的主要因素有以下内容：

1. 平面形状。一般来说，建筑物平面形状越简单，它的单位面积造价就越低。当一座建筑物的平面又长又窄，或它的外形复杂且不规则时，其周长与建筑面积的比率必将增加，伴随而来的是较高的单位造价。不规则的建筑物将导致室外工程、排水工程、砌砖工程及屋面工程等复杂化，从而增加工程费用。一般情况下，建筑物周长与建筑面积比（单位建筑面积所占外墙长度）越低，设计越经济。

2. 流通空间。建筑物的经济平面布置的主要目标之一，是在满足建筑物使用要求的前提下，将流通空间减少到最小。因为门厅、过道、走廊、楼梯以及电梯井的流通空间都可以认为是"死空间"，都不能为了获利而加以使用，但是却需要相当多的采暖、采光、清扫和装饰以及其他方面的费用。造价不是检验设计是否合理的唯一标准，例如，美观和功能质量的要求也是很重要的。

3. 层高和净高。层高和净高将直接影响工程造价。适当降低层高，可节省材料（墙体、管线等）、降低施工费用、节约能源（采暖、供水加压），节约用地，有利于抗震。靠提高室内净高来改善室内微小气候是无济于事的（室内空气污浊带，一般在顶棚底 0.8～1.0m 处，与风速、风压和相对湿度等因素有关）。

据有关资料分析，住宅层高每降低 10cm，可降低造价 1.2%～1.5%。层高降低还可提高住宅区的建筑密度，节约征地费、拆迁费及市政设施费。单层厂房层高每增加 1m，单位面积造价增加 1.8%～3.6%，年度采暖费用增加约 3%；多层厂房的层高每增加

0.6m，单位面积造价提高8.3%左右。由此可见，随着层高的增加，单位建筑面积造价也在不断增加。多层建筑造价增加幅度比较大的原因是：多层建筑的承重部分占总造价的比重比较大，而单层建筑的墙柱部分占总造价的比重较小。

单层厂房的高度主要取决于车间内部的运输方式。选择正确的车间内部运输方式，对于降低厂房高度、降低造价具有重要意义。在条件允许，特别是当起重量较小时，应考虑采用悬挂式运输设备来代替桥式起重机；多层厂房的层高应综合考虑生产工艺、采光、通风及建筑经济的因素来进行选择，多层厂房的建筑层高还取决于能否容纳车间内的最大生产设备和满足运输的要求。民用住宅的层高一般为2.5~2.8m。

4. 建筑物层数。相同的用地条件下，层数越多，分摊的土地费用越少；相同的基础形式下，层数越多，分摊的基础工程费用越少。中、高层住宅和高层住宅需改变承重结构的，内、外部设备费用随之提高，造价也将提高。在民用建筑中，多层住宅具有降低造价、降低使用费用以及节约用地的优点。

5. 柱网布置。柱网布置是确定柱子的行距（跨度）和间距（每行柱子中相邻两个柱子间的距离）的依据。柱网布置是否合理，对工程造价和厂房面积的利用效率都有较大的影响。柱网的选择与厂房中有无起重机、起重机的类型及吨位、屋顶的承重结构以及厂房的高度等因素有关。对于单跨厂房，当柱间距不变时，跨度越大单位面积造价越低。因为除屋架外，其他结构架分摊在单位面积上的平均造价随跨度的增大而减小；对于多跨厂房，当跨度不变时，中跨数量越多越经济。这是因为柱子和基础分摊在单位面积上的造价减少了。

6. 建筑物的体积与面积。通常情况下，随着建筑物体积和面积的增加，工程总造价会提高，因此，应尽量减少建筑物的体积与总面积。为此，对于工业建筑，在不影响生产能力的条件下，厂房、设备布置力求紧凑合理；要采用先进工艺和高效能的设备，节省厂房面积；要采用大跨度、大柱距的大厂房平面设计形式，提高平面利用系数。对于民用建筑，尽量减少结构面积比例，增加有效面积。住宅结构面积与建筑面积之比称为结构面积系数，该系数越小，设计越经济。

7. 建筑结构。建筑材料和建筑结构的选择是否合理，不仅直接影响到工程质量、使用寿命和耐火抗震性能，而且对施工费用、工程造价有很大的影响。尤其是建筑材料，一般占直接费的70%。降低材料费用，不仅可以降低直接费，也会导致间接费的降低。采用各种先进的结构形式和轻质高强度的建筑材料，能减轻建筑物自重，简化基础工程，减少建筑材料和构配件的费用及运费，并能提高劳动生产率和缩短建设工期，经济效果十分明显。

第二节　工程设计及设计方案优选

一、工程设计概述

工程设计是建设项目进行全面规划和具体描述实施意图的过程，是工程建设的灵魂，是科学技术转化为生产力的纽带，是处理技术与经济关系的关键性环节，是确定与控制工程造价的重点阶段。设计是否经济合理，对控制工程造价具有十分重要的意义。

（一）工程设计的含义

工程设计是指在工程开始施工之前，设计者根据已批准的设计任务书，为具体实现拟建项目的技术、经济要求，拟定建筑、安装及设备制造等所需的规划、图纸、数据等技术文件的工作。设计是建设项目由计划变为现实具有决定意义的工作阶段。设计文件是建筑安装施工的依据。拟建工程在建设过程中能否保证进度、保证质量和节约投资，在很大程度上取决于设计质量的优劣。工程建成后，能否获得满意的经济效果，除项目决策外，设计工作起着决定性的作用。设计工作的重要原则之一是保证设计的整体性，为此，设计工作必须按照一定的程序分阶段进行。

（二）工程设计阶段

为保证工程建设和设计工作的有机配合和衔接，将工程设计划分为几个阶段。国家规定，一般工业与民用建设项目设计按初步设计和施工图设计两个阶段进行，称为"两阶段设计"；对于技术上复杂而又缺乏设计经验的项目，可按初步设计、扩大初步设计和施工图设计三个阶段进行，称为"三阶段设计"。小型建设项目中技术简单的，在简化的初步设计确定后，就可做施工图设计。在各个设计阶段，都需要编制相应的工程造价控制文件，即设计概算、修正概算和施工图预算等，逐步由粗到细确定工程造价控制目标，并经过分段审批，切块分解，层层控制工程造价。

（三）工程设计过程

工程设计包括准备工作、编制各阶段的设计文件、配合施工和参加施工验收、进行工程设计总结等过程。

1. 设计前准备工作。设计单位根据主管部门或业主的委托书进行可行性研究，参加建设地点的选择和调查研究设计所需的基础资料（勘察资料，环境及水文地质资料，科学试验资料，水、电及原材料供应资料，用地情况及指标，外部运输及协作条件等资料），开展工程设计所需的科学试验。在此基础上进行方案设计。

2. 初步设计。这是设计过程中的一个关键性阶段，也是整个设计构思基本形成的阶段。通过初步设计可以进一步明确拟建工程在指定地点和规定期限内进行建设的技术可行性和经济合理性，并规定主要技术方案、工程总造价和主要技术经济指标，以利于在项目建设和使用过程中最有效地利用人力、物力和财力。工业项目初步设计包括总平面设计、工艺设计和建筑设计三部分。在初步设计阶段应编制设计总概算。

3. 技术设计。技术设计是初步设计的具体化，也是各种技术问题的定案阶段。技术设计应研究和决定的问题，与初步设计的大致相同，但需要根据更详细的勘察资料和技术经济计算加以补充修正。技术设计的详细程度应能满足确定设计方案中重大技术问题和有关实验、设备选制等方面的要求，应能保证能够根据它编制施工图和提出设备订货明细表。技术设计的着眼点，除体现初步设计的整体意图外，还要考虑施工的方便易行。如果对初步设计中所确定的方案有所更改，应对更改部分编制修正概算书。对于不太复杂的工程，技术设计阶段可以省略，将这个阶段的一部分工作纳入初步设计（承担技术设计部分任务的初步设计，称为扩大初步设计），另一部分留待施工图设计阶段进行。

4. 施工图设计。这一阶段主要是通过图纸，把设计者的意图和全部设计结果表达出来，作为工人施工制作的依据，它是设计工作和施工工作的桥梁。施工图包括建设项目各部分工程的详图，零部件、结构构件明细表以及验收标准和方法等。施工图设计的深度应能满足设备材料的选择与确定、非标准设备的设计与加工制作、施工图预算的编制、建筑工程施工和安装的要求。

5. 设计交底和配合施工。施工图发出后，根据现场需要，设计单位应派人到施工现场，与建设、施工单位共同会审施工图，进行技术交底，介绍设计意图和技术要求，修改不符合实际和有错误的图纸，参加试运转和竣工验收，解决试运转过程中的各种技术问题，并检验设计的正确和完善程度。

（四）建设项目设计阶段技术经济指标体系

1. 工业建设项目设计方案技术经济指标

工业建设项目设计方案的技术经济指标，按建设阶段和使用阶段分述如下：

（1）建设阶段技术经济指标。

1）投资指标：包括总投资和单位生产能力的投资。

2）工期指标：包括总工期和工期的变化率，即相对于定额工期（或规定工期）提前或延迟的量。

3）主要材料的耗用量：指项目所需的主要建筑材料和各种特殊材料、稀贵材料的需要量。

4）占地面积。主要有以下内容：

①厂区占地面积（公顷）：指厂区围墙（或规定界限）以内的用地面积。

②建筑物和构筑物的占地面积（m^2）：建筑物占地面积按上述规定计算，构筑物的建筑面积按外轮廓计算。

③有固定装卸设备的堆场（露天栈桥、龙门吊堆场）和露天堆场（原料、燃料堆

场）的占地面积（m²）。

④铁路、道路、管线和绿化占地面积（m²）：铁路、道路的长度乘以宽度即为占地面积，但厂外铁路专用线用地不在此项内。

5）建筑密度：指建筑物、构筑物、有固定装卸设备的堆场、露天仓库的占地面积之和与厂区占地面积之比。其计算公式为

$$建筑密度 = \frac{建筑物和构筑物占地面积 + 露天仓库、堆场占地面积}{厂区占地面积} \quad (4-1)$$

建筑密度是工厂总平面设计中比较重要的技术经济指标，它可以反映总平面设计中用地是否紧凑合理。建筑密度高，表明可节省土地和土石方工程量，又可缩短管线长度，从而降低建厂费用和使用费。

6）土地利用系数：指建筑物、构筑物、露天仓库、堆场、铁路、道路、管线等占地面积之和与厂区面积之比。其计算公式如下：

$$土地利用系数 = \frac{A+B+C+D}{E} \times 100\% \quad (4-2)$$

式中 A——建筑物和构筑物占地面积；
B——露天仓库、堆场占地面积；
C——铁路、道路占地面积；
D——地上、地下管线占地面积；
E——厂区占地面积。

7）实物工程量指标：主要实物工程量指标有场地平整土方工程量，铁路长度，道路及广场铺砌面积，排水、给水管线长度，围墙长度，绿化面积等。

（2）使用阶段技术经济指标。

1）预期成果指标。

①年产量：如果产品的品种规格较多，可采用换算方法，将各种产品的产量都折算成主要产品的产量。其计算公式如下：

产品的折合量=全年工业总产值/主要产品的单价（台、t、kW） （4-3）

②年产值：产值是产量指标的货币表现，按不变价格计算。其主要包括工业总产值和工业净产值。

a. 工业总产值：由各种产品产量乘以相应的出厂价格计算。从价值形态来看，工业总产值由三部分组成：第一，生产中消耗的原材料、燃料、动力和固定资产价值；第二，职工的工资和福利基金；第三，产品销售利润和税金。

b. 工业净产值：净产值是企业一定时期内新创造价值的货币表现，它是从工业总产值中扣除生产中消耗的原材料、燃料、动力和固定资产折旧后剩下的部分。

③净利润：净利润是指在利润总额中按规定交纳了所得税后公司的利润留成。其计算公式如下：

年净利润=全年产品销售收入-全年产品生产成本-年税金 （4-4）

④净收益：净收益是在年净利润的基础上，再扣除逐年均衡偿还投资本息和年定额流动资金利息后的金额。其计算公式如下：

年净收益=年净利润-年投资本息偿还额-年定额流动资金利息 (4-5)

年投资本息偿还额=投资总额×（R/P，i_1，n） (4-6)

年定额流动资金利息=定额流动资金总额×i_2 (4-7)

式中 i_1——基建投资年利息率；

i_2——流动资金年利息率。

⑤反映功能或适用性的指标：对于专业工程，如动力、运输、给水、排水和供热等设计方案，则要用提供动力的大小、运输能力、供水能力、排水能力和供热能力来表示。

2）劳动消耗指标：包括活劳动消耗（职工总数、工时总额和工资总额等）、物化劳动消耗（单位产品的各类材料消耗量、设备和厂房的折旧费、材料利用率、设备负荷率、每台设备年产量以及单位生产性建筑面积年产量等）以及活劳动和物化劳动的综合消耗（成本、劳动生产率等）。

3）劳动占用指标：制造产品需要占用一定的厂房设备，还需要有一定数量的原材料和半产品的储备，所有这些占用都是人们对过去物化劳动的占用。属于这方面的指标有固定资产总额、流动资金总额、设备总台数、总建筑面积等。

4）综合指标。

①产值利润率：

$$产值利润率 = \frac{年净利润}{年总产值} \times 100\% \quad (4-8)$$

②成本利润率：它可以从利润角度反映项目在生产过程中劳动消耗的多少，也可以间接反映出工厂劳动创造财富的多少。

$$单位产品成本利润率 = \frac{单位产品净利润}{单位产品成本} \times 100\% \quad (4-9)$$

$$年成本利润率 = \frac{年净利润}{年产品总成本} \times 100\% \quad (4-10)$$

③资金利润率：可较全面地反映项目经营后的经济效果。

$$资金利润率 = \frac{年净利润}{固定资金+年评价占用流动资金} \times 100\% \quad (4-11)$$

④投资利润率：它是从利润角度来反映投资的经济效果。

$$投资利润率 = \frac{年净利润}{投资总额} \times 100\% \quad (4-12)$$

⑤投资回收期：表示设计方案所需的全部投资由投产后每年所获得的利润来偿还的年数。投资回收期用投资利润率的倒数来计算。

5）其他指标：如反映方案维修的难易程度、可靠性、安全性以及公害防治等方面的指标。

2.民用建筑项目设计方案技术经济指标

(1) 居住建筑设计评价指标：

1) 平均每户建筑面积=建筑总面积/总户数 (m²/户)。　　　　　　　　(4-13)

2) 平均每户居住面积=居住总面积/总户数 (m²/户)。　　　　　　　　(4-14)

3) 平均每人居住面积=居住总面积/总人数 (m²/户)。　　　　　　　　(4-15)

4) 平均每户居室数及户型比=某户型的户数/总户数 (m²/户)。　　　　(4-16)

5) 居住面积系数K，反映居住面积与建筑面积的比例：

$$K = \frac{标准层的居住面积}{建筑面积} \times 100\% \quad (4-17)$$

6) 辅助面积系数K_1，反映辅助面积与使用面积之比例：

$$K_1 = \frac{标准层的辅助面积}{使用面积} \times 100\% \quad (4-18)$$

使用面积也称为有效面积，等于居住面积加辅助面积，K_1一般为20%～27%。

7) 结构面积系数K_2，反映结构面积与建筑面积之比例：

$$K_2 = \frac{墙体等结构所占面积}{建筑面积} \times 100\% \quad (4-19)$$

K_2一般在20%左右。

8) 建筑周长系数K'，即建筑物外墙周长与建筑占地面积之比：

$$K' = \frac{建筑物外墙周长}{建筑占地面积} \times 100\% \quad (4-20)$$

(2) 公共建筑设计方案评价指标：

1) 平均单位建筑面积：

平均单位建筑面积=建筑面积总数/使用单位（人、座位、床位）总数 [m²/人（座、床）]　　　　　　　　　　　　　　　　　　　　　　　　　　　(4-21)

影剧院、体育馆、餐馆等按座位计算建筑面积，旅馆、医院按床位计算建筑面积，教学楼、办公楼则按人数计算建筑面积（同理可计算单位使用面积）。

2) 平均单位使用面积。公共建筑中的使用面积包括主要使用面积，如教室、实验室、病房、营业厅、观众厅等的面积和辅助房间面积，如厕所、储藏室、电气、水暖设备用房的面积。

平均单位使用面积=使用面积总数/使用单位（人、座位、床位）总数 [m²/人（座、床）]　　　　　　　　　　　　　　　　　　　　　　　　　　(4-22)

3) 建筑平面系数：

建筑平面系数=使用部分面积/建筑面积　　　　　　　　　　　　　　(4-23)

使用部分面积=使用房间面积+辅助房间面积　　　　　　　　　　　　(4-24)

平面系数越大，说明方案的平面有效利用率越高。

4) 辅助面积系数：

辅助面积系数=辅助面积/使用面积 (4-25)

辅助面积系数小，则方案在辅助面积上的浪费小，也说明方案的平面有效利用率高。

5) 结构面积系数：

结构面积系数=结构面积/建筑面积 (4-26)

结构面积系数越小，说明有效使用面积越大，这是评价采用新材料、新结构的重要指标。

(3) 居住小区规划设计方案评价指标：

1) 占用土地（公顷）：指生活居住用地、公共建筑用地、道路用地、绿化用地和其他用地的总和。

2) 居住总人口（人）。

3) 人口密度。

人口毛密度：

人口毛密度=居住总人口/总用地面积（A/hm²） (4-27)

人口净密度：

人口净密度=居住总人口/总居住建筑用地面积（A/hm²） (4-28)

4) 平均每人居住用地：

平均每人居住用地=总居住建筑用地面积/居住总人口（m²/人） (4-29)

5) 建筑密度：

$$建筑密度 = \frac{建筑占地面积}{占地总面积} \times 100\% \tag{4-30}$$

6) 建筑面积密度：

建筑面积密度=总建筑面积/占地总面积（m²/hm²） (4-31)

7) 居住建筑密度：

$$居住建筑密度 = \frac{居住建筑占地面积}{占地总面积} \times 100\% \tag{4-32}$$

居住建筑密度是衡量用地经济性和保证居住区必要的卫生条件的主要技术经济指标，其数值的大小与建筑层数、房屋间距、层高、房屋排列方式等因素有关。适当提高建筑密度可节省用地，但应保证日照、绿化、通风、防火和交通安全的基本需要。

8) 居住建筑面积密度：

居住建筑面积密度=总居住建筑面积/占地总面积（m²/hm²） (4-33)

二、设计方案竞选

设计方案竞选是指组织竞选活动的单位，通过报刊、信息网络或其他媒介发布竞选公告，吸引设计单位参加方案竞选。参加竞选的设计单位按照竞选文件和《城市建筑方案设计文件编制深度规定》，做好方案设计和编制有关文件，经具有相应资格的注册建筑师签字并加盖单位法定代表人或法定代表人委托的代理人的印鉴，在规定的日期内，密封送达组织竞选单位。组织竞选单位邀请有关专家组成评定小组，采用科学的方法，按照适用、经济、美观的原则以及技术先进、结构合理、满足建筑节能、环保等要求，综合评定设计方案的优劣，择优确定中选方案，最后双方签订合同。

（一）设计方案竞选的建设项目应具备的条件

1. 具有批准的项目建议书或可行性研究报告。
2. 具有划定的项目建设地点，规划控制要点和用地红线图。
3. 具有符合要求的地形图，包括工程地质、水文地质资料，水、电、燃气、供热、环保、通信和市政道路等详细资料。
4. 有设计要求说明书。

（二）参选单位应提供的材料

1. 提供单位名称、法人代表、地址、单位所有制性质和隶属关系。
2. 提供设计证书的复印件及证书副本、设计收费证书及营业执照的复印件。
3. 单位简历、技术力量及主要设备。
4. 一级注册建筑师资格证书。

（三）设计方案竞选的方式

1. 公开竞选。由组织竞选的单位通过各种媒介发布竞选公告。
2. 邀请竞选。由组织竞选的单位直接向3个以上有关设计单位发出竞选邀请书。

（四）设计竞选方案的评定

由组织竞选单位和有关专家7~11人组成评定小组，其中技术专家人数应占2/3以上。评定小组按照技术先进、功能全面、结构合理、安全适用、满足建筑节能及环境要求、经济实用、美观的原则，并同时考虑设计进度的快慢以及设计单位和注册建筑师的资历信誉等因素，综合评定设计方案的优劣，择优确定中选方案。评定会议结束后至确定中选单位的期限一般不超过15天。确定中选单位后，组织竞选单位应于7天内发出中选通知书，之后30天内签订设计发承包书面合同。

三、设计方案评价

（一）设计方案评价的原则

设计方案评价应遵循以下基本原则：

1. 设计方案必须处理好经济合理性与技术先进性之间的关系。经济合理性要求工程造价尽可能低，但一味地追求经济效果，可能会导致项目的功能水平偏低，无法满足使用者的要求；技术先进性追求技术的尽善尽美，项目功能水平先进，但可能会导致工程造价偏高。因此，技术先进性与经济合理性是相互矛盾的，设计者应妥善处理好两者的关系。一般情况下，要在满足使用者要求的前提下，尽可能降低工程造价。但是，如果受到资金限制，也可以在资金限制范围内，尽可能提高项目的功能水平。

2. 设计方案必须兼顾建设与使用，考虑项目全寿命费用。工程在建设过程中，控制造价是一个非常重要的目标。但是造价水平的变化，又会影响到项目将来的使用成本。如果单纯地降低造价，建筑物质量将得不到保障，就会导致在使用过程中的维修费用过高，甚至有可能发生重大事故，给社会财产和人民生命安全带来严重损害。

3. 设计方案必须兼顾近期与远期的要求。一项工程建成后，往往会在很长的时间内发挥作用。如果只按照目前的要求设计工程，那么在不远的将来，可能会出现由于项百功能水平无法满足需要而重新建造的情况。但是如果只按照未来的需要设计工程，又会出现由于功能水平过高而产生资源闲置、浪费的现象。所以，设计者要兼顾近期和远期的要求，选择合理的项目功能水平。同时，也要根据远景发展需要，适当留有发展余地。

（二）设计方案评价的方法

1. 多指标评价法。多指标评价法分为多指标对比法和多指标综合评分法。

（1）多指标对比法。这是目前采用比较多的一种方法。它的基本特点是使用一组适用的指标体系，将对比方案的指标值列出，然后一一进行对比分析，根据指标值的高低分析判断方案优劣。

利用这种方法首先需要将指标体系中的各个指标，按其在评价中的重要性不同，可分为主要指标和辅助指标。主要指标能够比较充分地反映工程的技术经济特点的指标，是确定工程项目经济效果的主要依据；辅助指标在技术经济分析中处于次要地位，是主要指标的补充。当主要指标不足以说明方案的技术经济效果的优劣时，辅助指标就成了进一步进行技术经济分析的依据。但是要注意参选方案在功能、价格、时间和风险等方面的可比性。如果方案不完全符合对比条件，要加以调整，使其满足对比条件后再进行对比，并在综合分析时予以说明。

通过综合分析，最后应给出如下结论：

①分析对象的主要技术经济特点及适用条件；

②现阶段实际达到的经济效果水平；

③找出提高经济效果的潜力和途径以及相应采取的主要技术措施；

④预期经济效果。

（2）多指标综合评分法。该方法首先对需要进行分析评价的设计方案设定若干个评价指标，并按其重要程度确定各指标的权重，然后确定评分标准，并就各设计方案对各指标的满足程度打分，最后计算各方案的加权得分，以加权得分高者为最优设计方案。其计算公式为

$$S = \sum_{i=1}^{n} W_i \cdot S_i \tag{4-34}$$

式中 S——设计方案总得分；

S_i——某方案在评价指标 i 上的得分；

W_i——评价指标 i 的权重；

n——评价指标数。

综合评分法依据定性分析与定量分析相结合的原则，运用加权评分法进行设计方案的优选。其优点在于通过定量计算可取得唯一评价结果；其缺点在于确定各评价指标的权重和评分过程存在主观臆断成分，并且由于各评分值是相对的，因而不能直接判断各设计方案的各项功能的实际水平。

2. 静态经济指标评价法。

（1）投资回收期法。设计方案的比选往往是比选各方案的功能水平及成本。功能水平先进的设计方案一般所需的投资较多，方案实施过程中的效益一般也比较好。用方案实施过程中的效益回收投资，即投资回收期来反映初始投资补偿速度，衡量设计方案优劣也是非常必要的。投资回收期越短，设计方案越好。

不同设计方案的比选实际上是互斥方案的比选，首先要考虑方案的可比性问题。当相互比较的各设计方案能满足相同的需要时，就只需比较它们的投资和经营成本的大小，用差额投资回收期比较。差额投资回收期是指在不考虑时间价值的情况下，用投资大的方案比投资小的方案所节约的经营成本，回收差额投资所需要的时间。其计算公式为

$$\Delta P_t = \frac{K_2 - K_1}{C_1 - C_2} \qquad （4\text{-}35）$$

式中

K_2——方案2的投资额；

K_1——方案1的投资额，且 $K_2 > K_1$；

C_2——方案2的年经营成本；

C_1——方案1的年经营成本，且 $C_1 > C_2$；

ΔP_t——差额投资回收期。

当 $\Delta P_t \leqslant P_c$（基准投资回收期）时，投资大的方案为优；反之，投资小的方案为优。

如果两个比较方案的年业务量不同，则需将投资和经营成本转化为单位业务量的投资和成本，然后再计算差额投资回收期，进行方案比选。此时差额投资回收期的计算公式为

$$\Delta P_t = \frac{\dfrac{K_2}{Q_2} - \dfrac{K_1}{Q_1}}{\dfrac{C_1}{Q_1} - \dfrac{C_2}{Q_2}} \qquad （4\text{-}36）$$

式中

Q_1、Q_2——各设计方案的年业务量。

其他符号含义同前。

（2）计算费用法。房屋建筑物和构筑物的全寿命是指从勘察、设计、施工、建成后使用直至报废拆除所经历的时间。全寿命费用应包括初始建设费、使用维护费和拆除费。评价设计方案的优劣应考虑工程的全寿命费用。但是初始投资和使用维护费是两类不同性质的费用，两者不能直接相加。计算费用法用一种合乎逻辑的方法将一次性投资与经常性的经营成本统一为一种性质的费用，可直接用来评价设计方案的优劣。

由差额投资回收期决策规则：$\Delta P_t \leqslant P_c$，方案2优于方案1，可知：

$$K_2 + P_c C_2 \leqslant K_1 + P_c C_1 \tag{4-37}$$

令 $TC_2 = K_2 + P_c C_2$，$TC_1 = K_1 + P_c C_1$ 分别表示方案1和方案2的总计算费用，则总计算费用最小的方案最优。

差额投资回收期的倒数就是差额投资效果系数，其计算公式为

$$\Delta R = \frac{C_1 - C_2}{K_2 - K_1} \quad (K_2 > K_1,\ C_2 < C_1) \tag{4-38}$$

当 $\Delta R \geqslant R_c$（标准投资效果系数）时，方案2优于方案1。

将 $\Delta R \geqslant R_c$ 移项并整理得：$C_1 + R_c K_1 \geqslant C_2 + R_2 K_2$，令 $AC = C + R_c K$ 表示投资方案的年计算费用，则年计算费用越小的方案越优。

3. 动态经济指标评价法。动态经济评价指标是考虑时间价值的指标。对于寿命期相同的设计方案，可以采用净现值法、净年值法、差额内部收益率法等。寿命期不同的设计方案比选，可以采用净年值法。

四、设计方案优选

设计方案选择就是通过对工程设计方案的经济分析，从若干设计方案中选出最佳方案的过程。由于设计方案的经济效果不仅取决于技术条件，而且还受不同地区的自然条件和社会条件的影响，选择设计方案时，需要综合考虑各方面因素，对方案进行全方位技术经济分析与比较，结合当时当地的实际条件，选择功能完善、技术先进、经济合理的设计方案。

第三节　设计阶段造价控制的措施和方法

一、执行设计标准

设计标准是国家的重要技术规范，来源于工程建设实践经验和科研成果，是工程建设必须遵循的科学依据，设计标准体现了科学技术向生产力的转化，是保证工程质量的前提，是工程建设项目创造经济效益的途径之一。设计规范（标准）的执行，有

利于降低投资、缩短工期；有的设计规范虽然不能直接降低项目投资，但能降低建筑全寿命费用；还有的设计规范，可能使项目投资增加，但保障了生命财产安全，从宏观讲，经济效益也是好的。

（一）设计标准的作用

1. 对建设工程规模、内容建造和建造标准进行控制。
2. 保证工程的安全性和预期的使用功能。
3. 提供设计所必需的指标、定额、计算方法和构造措施。
4. 为降低工程造价、控制工程投资提供方法和依据。
5. 减少设计工作量、提高设计效率。
6. 促进建筑工业化、装配化，加快建设速度。

（二）设计标准的要求

正确理解和运用设计标准是做好设计阶段投资控制工作的前提，其基本要求如下：

1. 充分了解工程设计项目的使用对象、规模及功能要求，选择相应的设计标准规范作为依据，合理确定项目等级和面积分配、功能分区以及材料、设备、装修标准和单位面积造价的控制指标。
2. 根据建设地点的自然、地质、地理、物资供应等条件和使用功能，制定合理的设计方案，明确方案应遵循的标准规范。
3. 在进行施工图设计前，应检查其是否符合标准规范的规定。
4. 当各层次标准出现矛盾时，应以上级标准或管理部门的标准为准。在使用功能方面应遵守上限标准（不超标），在安全、卫生等方面应遵守下限标准（不降低要求）。
5. 当遇到特殊情况难以执行标准规范时，特别是涉及安全、卫生、防火和环保等问题，应取得当地有关管理部门的批准或认可。

二、推行标准设计

标准设计是指按照国家规定的现行标准规范，对各种建筑、结构和构配件等编制的具有重复作用性质的整套技术文件，经主管部门审查、批准后颁发的全国、部门或地方通用的设计。推广标准设计，能加快设计速度，节约设计费用；可进行机械化、工厂化生产，提高劳动生产率，缩短建设周期；有利于节约建筑材料，降低工程造价。

（一）标准设计的特点

1. 以图形表示为主，对操作要求和使用方法作文字说明。
2. 具有设计、施工、经济标准各项要求的综合性。
3. 当设计人员选用后可直接用于工程建设，具有产品标准的作用。
4. 对地域、环境的适应性要求强，地方性标准较多。
5. 除特殊情况可做少量修改外，一般情况下，设计人员不得自行修改标准设计。

（二）标准设计的分类

标准设计的种类有很多种，有一个工厂全厂的标准设计（火电厂、糖厂、纺织厂和造纸厂等），有一个车间或某个单项工程的标准设计，有公用辅助工程（供水、供电等）的标准设计，有某些建筑物（住宅等）、构筑物（冷水塔等）的标准设计，也有建筑工程某些部位的构配件或零部件（梁、板等）的标准设计。

标准设计从管理权限和适用范围方面来讲，可分为以下几类：

1. 国家标准设计，简称"国标"。国标是指对全国工程建设具有重要作用的、跨行业、跨地区的并且可在全国范围内统一通用的设计。这种设计由编制部门提出送审文件，报国家发展与改革委员会审批颁发。
2. 部颁标准设计，简称"部标"。部标是指可以在全国各有关专业范围内统一使用的设计。这种设计由各专业主管部、总局审批颁发。
3. 省、自治区、直辖市标准设计，简称"地方标准"。地方标准是指可以在本地区范围内统一使用的标准设计。这种设计由省、自治区、直辖市审批颁发。
4. 设计单位自行制定的标准。设计单位自行制定的标准是指在本单位范围内需要统一，在本单位内部使用的设计技术原则、设计技术规定，由设计单位批准执行，并报上一级主管部门备案。

（三）标准设计的阶段划分

标准设计一般分为初步设计和施工图设计两个阶段。初步设计阶段，主要是确定设计原则和技术条件，提出在技术经济上合理的设计方案。施工图设计阶段，是根据批准的初步设计，提出符合生产、施工要求的施工图。

（四）标准设计的一般范围

1. 重复建造的建筑类型及生产能力相同的企业、单独的房屋和构筑物，都应采用标准设计或通用设计。
2. 对不同用途和要求的建筑物，按照统一的建筑模数、建筑标准、设计规范和技术规定等进行设计。
3. 当整个房屋或构筑物不能定型化时，则应把其中重复出现的部分，如房屋的建筑单元、节间和主要的结构点构造，在配件标准化的基础上定型化。
4. 建筑物和构筑物的柱网、层高及其他构件尺寸的统一化。

5. 建筑物采用的构配件应力求统一化,在基本满足使用要求和修建条件的情况下,尽可能地具有通用互换性。

(五) 采用标准设计的意义和作用

标准设计是在经过大量调查研究,反复总结生产、建设实践经验和吸收科研成果的基础上制定出来的,因此,在建设项目中积极采用标准设计具有以下的意义和作用:

1. 加快提供设计图纸的速度、缩短设计周期、节约设计费用。

2. 可使工艺定型,易使生产均衡,提高工人技术水平和劳动生产率并节约材料,有益于较大幅度降低建设投资。

3. 可加快施工准备和定制预制构件等项工作,并能使施工速度大大加快,既有利于保证工程质量,又能降低建筑安装工程费用。

4. 按通用性条件编制、按规定程序审批,可供大量重复使用,做到既经济又优质。

5. 贯彻执行国家的技术经济政策,密切结合自然条件和技术发展水平,合理利用资源和材料设备,考虑施工、生产、使用和维修的要求,便于工业化生产。

三、限额设计

(一) 限额设计的基本原理

限额设计就是按照批准的可行性研究投资估算控制初步设计,按照批准的初步设计总概算控制施工图设计,同时,各专业在保证达到使用功能的前提下,按分配的投资限额控制设计,并严格控制设计的不合理变更,保证不突破总投资限额的工程设计过程。

限额设计的基本原理是通过合理确定设计标准、设计规模和设计原则,通过合理取定概预算基础资料,层层设计限额,来实现投资限额的控制和管理。限额设计不是一味地考虑节约投资,也不是简单地减少投资,而应该是设计质量的管理目标。

限额设计绝非限制设计人员的设计思想,而是要让设计人员将设计与经济两者统一结合起来,即监理工程师要求设计人员在设计过程中必须考虑经济性。

监理工程师在设计进展过程中及各阶段设计完成时,要主动地对已完成的图纸内容进行估价,并与相应的概算、修正概算和预算进行比较对照,若发现超投资情况,要找出其中原因,并向业主提出建议,在业主授权后,让设计人员修改设计,使投资降低到投资额内。但必须指出的是,未经业主同意,监理工程师无权提高设计标准和设计要求。

(二) 实现造价纵向控制

限额设计必须贯穿于设计的各个阶段,实现投资纵向控制。

1. 建设项目从可行性研究开始，便要建立限额设计的观念，合理并准确地确定投资估算。它是核定项目总投资额的依据。获得批准后的投资估算，就是下一阶段进行限额设计、控制投资的重要依据。

2. 初步设计应该按核准后的投资估算限额，通过多个方案的设计比较、优选来实现。初步设计应严格按照施工规划和施工组织设计，按照合同文件要求进行，并要切实、合理地选定费用指标和经济指标，正确地确定设计概算。经审核批准后的设计概算限额，便是下一步施工详图设计控制投资的依据。

3. 施工图设计是设计单位的最终产品，必须严格地按初步设计确定的原则、范围、内容和投资额进行设计，即按设计概算限额，进行施工图设计。但由于初步设计受外部条件如工程地质、设备、材料供应、价格变化以及横向协作关系的影响，加上人们主观认识的局限性，往往给施工图设计及其以后的实际施工带来局部变更和修改。合理地修改和变更是正常的，关键是要进行核算和调整，来控制施工图设计不突破设计概算限额。对于涉及建设规模、设计方案等的重大变更，则必须重新编制或修改初步设计文件和初步设计概算，并以批准修改的初步设计概算作为施工图设计的投资控制额。

4. 加强设计变更的管理工作，对于确实可能发生的变更，应尽量提前实现。如在设计阶段变更，只需修改图纸，其他费用尚未发生，损失有限；如果在采购阶段变更，则不仅要修改图纸，设备材料还必须重新采购；若在施工中变更，除上述费用外，已施工的工程还须拆除，势必造成重大变更损失。为此，要建立相应的设计管理制度，尽可能把设计变更控制在设计阶段。对影响工程造价的重大设计变更，变更要使用先算后变的办法。

（三）实现造价横向控制

实行限额设计有利于健全和加强设计单位对建设单位以及设计单位内部的经济责任制，实现限额设计的横向控制。

1. 明确设计单位内部各专业科室对限额设计的责任，建立各专业投资分配考核制。

2. 设计开始前按估算、概算和预算不同阶段将工程投资按专业分配，分段考核。下一阶段指标不得突破上一阶段指标。某一专业突破控制投资指标时，应首先分析突破原因，用修改设计的方法解决，在本阶段处理，责任落实到个人，建立限额设计的奖惩机制。

四、应用价值工程

（一）应用价值工程法对项目设计进行技术经济比较

在设计过程中，监理工程师应用价值工程法进行项目全寿命费用分析时，不仅考虑一次性投资，还要考虑到项目使用后的经常维修和管理费用。监理工程师对设计的经济性要全面考虑、权衡分析。与限额设计相对应的是过分设计（安全系数过大的设计），这种保守设计对设计的经济性考虑得不多。在设计中应用价值工程法，既可提高项目功能，又可降低项目投资。通过对设计的多方案技术经济比较和价值工程进行分析，或在保证项目功能不变的情况下，降低项目投资；或在项目投资不变的情况下提高工程功能，因而最终降低建设项目投资；或在工程主要功能不变、次要功能略有下降情况下，使项目投资大幅度降低；或在项目投资略有上升情况下，使工程功能大幅度提高。

（二）价值分析在设计阶段投资控制中的运用

在项目设计中组织价值分析小组，从分析功能入手，从设计项目的多种方案中选出最优方案，这种价值分析极为有效。

1. 项目设计阶段开展价值分析最有效，因为成本降低的潜力是在设计阶段。

2. 设计与施工过程的一次性比重大。建筑产品具有固定性的特点，工程项目从设计到施工是一次性的单件生产。特别是耗资巨大的项目，应开展价值分析，其可以大量地节约投资。

3. 影响项目总费用的部门多，进行任何一项工程的价值分析，都需要组织各有关方面参加，发挥集体的智慧才能取得更好的成效。

4. 项目设计是决定建筑物的使用性质、建筑标准、平面和空间布局的工作。建筑物的寿命周期很长，使用期间费用大，所以在进行价值分析时，应按整个寿命周期来计算全部费用，既要求降低一次性投资，又要求在使用过程中节约经常性费用。

（三）做好价值分析应注意的事项

1. 价值分析，应广泛收集和积累资料，包括费用资料、质量标准、用户的要求、施工单位的期望以及市场、科技动态等。

2. 设计人员在设计时，要重视造价限额、功能要求和现实成本。现实成本不能超过造价限额，功能要求要以符合规范和标准的要求为前提。三者以功能要求为主。

3. 设计人员必须有创新精神，勇于打破旧的范围，不断地开拓新领域，善于吸收科研成果。

4. 提高建筑工业化水平是建设领域价值分析的最重要原则，设计人员首先要执行这项原则。

5. 项目监理单位应配合设计技术人员进行价值分析。项目经济监理师不仅要进行事后的技术经济分析，更重要的是要在设计过程中进行动态的技术经济分析。进行价值分析跟踪是项目经济监理师的责任。

6. 项目经济监理师进行价值分析时应当与有关设计专业、建筑材料、设备制造及施工方面的专家配合。

第四节 设计概算的编制

一、设计概算的含义与作用

(一) 设计概算的含义

设计概算是指设计单位在初步设计或扩大初步设计阶段,根据设计图样及说明书、设备清单、概算定额或概算指标、各项费用取费标准、类似工程预(决)算文件等资料,用科学的方法计算和确定建筑安装工程全部建设费用的经济文件。

设计概算包括单位工程概算、单项工程综合概算、其他工程的费用概算、建设项目总概算以及编制说明等。它是由单个到综合、由局部到总体,逐个编制,层层汇总而成的。

设计概算应按建设项目的建设规模、隶属关系和审批程序报请审批。总概算按照规定的程序经由权力机关批准后,成了国家控制该建设项目总投资额的主要依据,并不得任意突破。

(二) 设计概算的作用

建设项目设计概算是设计文件的重要组成部分,是确定和控制建设项目全部投资的文件;是编制固定资产投资计划、实行建设项目投资包干、签订承发包合同的依据;是签订贷款合同、项目实施全过程造价控制管理,以及考核项目经济合理性的依据。设计概算的作用具体表现如下:

1. 设计概算是确定建设项目、各单项工程及各单位工程投资的依据。按照规定报请有关部门或单位批准的初步设计及总概算,一经批准,即作为建设项目静态总投资的最高限额,不得任意突破,如必须突破时,须报原审批部门(单位)批准。

2. 设计概算是编制投资计划的依据。计划部门根据批准的设计概算编制建设项目年固定资产投资计划,并严格控制投资计划的实施。若建设项目实际投资数额超过了总概算,那么必须在原设计单位和建设单位共同提出追加投资的申请报告基础上,经上级计划部门审核批准后,方能追加投资。

3. 设计概算是进行拨款和贷款的依据。建设银行根据批准的设计概算和年度投资计划,进行拨款和贷款,并严格实行监督控制。对超出概算的部分,未经计划部门批准,建设银行不得追加拨款和贷款。

4. 设计概算是实行投资包干的依据。在进行概算包干时,单项工程综合概算及建设项目总概算是投资包干指标商定和确定的基础。经上级主管部门批准的设计概算或修正概算,是主管单位和包干单位签订包干合同、控制包干数额的依据。

5. 设计概算是考核设计方案的经济合理性和控制施工图预算的依据。设计单位根据设计概算进行技术经济分析和多方案评价,以提高设计质量和经济效果。同时保证施工图预算在设计概算的范围内。

6. 设计概算是进行施工准备、设备供应指标、加工订货及落实各项技术经济责任制的依据。

7. 设计概算是控制项目投资、考核建设成本、提高项目实施阶段工程管理和经济核算水平的必要手段。

二、设计概算的编制内容

设计概算文件的编制应采用单位工程概算、单项工程综合概算、建设项目总概算三级概算编制形式。当建设项目为一个单项工程时，可采用单位工程概算、总概算两级概算编制形式。

（1）单位工程概算。单位工程是指具有独立的设计文件，能够独立组织施工，但不能独立发挥生产能力或使用功能的工程项目，它是单项工程的组成部分。单位工程概算是以初步设计文件为依据，按照规定的程序、方法和依据，计算单位工程费用的成果文件。它是编制单项工程综合概算（或项目总概算）的依据；是单项工程综合概算的组成部分。单位工程概算按其工程性质可分为建筑工程概算和设备及安装工程概算两大类。建筑工程概算包括土建工程概算，给水排水、采暖工程概算，通风、空调工程概算，电气照明工程概算，弱电工程概算，特殊构筑物工程概算等；设备及安装工程概算包括机械设备及安装工程概算，电气设备及安装工程概算，热力设备及安装工程概算，工、器具及生产家具购置费概算等。

（2）单项工程概算。单项工程是指在一个建设项目中，具有独立的设计文件，建成后能够独立发挥生产能力或使用功能的工程项目。它是建设项目的组成部分，如生产车间、办公楼、食堂、图书馆、学生宿舍、住宅楼、配水厂等。单项工程概算是以初步设计文件为依据，在单位工程概算的基础上汇总单项工程工程费用的成果文件，由单项工程中的各单位工程概算汇总编制而成，是建设项目总概算的组成部分。

（3）建设项目总概算。建设项目总概算是以初步设计文件为依据，在单项工程综合概算的基础上计算建设项目概算总投资的成果文件，它是由各单项工程综合概算、工程建设其他费用概算、预备费、建设期利息和铺底流动资金概算汇总编制而成的。

若干个单位工程概算汇总后成为单项工程概算，若干个单项工程概算和工程建设其他费用、预备费、建设期利息、铺底流动资金等概算文件汇总后成为建设项目总概算。单项工程概算和建设项目总概算仅是一种归纳、汇总性文件，因此，最基本的计算文件是单位工程概算书。若建设项目是一个独立单项工程，则单项工程综合概算书与建设项目总概算书可合并编制，并以总概算书的形式出具。

三、设计概算编制

（一）设计概算的编制依据及要求

1. 设计概算的编制依据

（1）国家、行业和地方有关规定。

（2）相应工程造价管理机构发布的概算定额（或指标）。

（3）工程勘察与设计文件。

（4）拟定或常规的施工组织设计和施工方案。

（5）建设项目资金筹措方案。

（6）工程所在地编制同期的人工、材料、机具台班市场价格，以及设备供应方式及供应价格。

（7）建设项目的技术复杂程度，新技术、新材料、新工艺以及专利的使用情况等。

（8）建设项目批准的相关文件、合同、协议等。

（9）政府有关部门、金融机构等发布的价格指数、利率、汇率、税率以及工程建设其他费用等。

（10）委托单位提供的其他技术经济资料。

2. 设计概算的编制要求

（1）设计概算应按编制时项目所在地的价格水平编制，总投资应完整地反映编制时建设项目实际投资。

（2）设计概算应考虑建设项目施工条件等因素对投资的影响。

（3）设计概算应按项目合理建设期限预测建设期价格水平，以及资产租赁和贷款时的时间价值等动态因素对投资的影响。

（二）单位工程概算的编制

1. 概算定额法

概算定额法又称扩大单价法或扩大结构定额法，它是套用概算定额编制建筑工程概算的方法。运用概算定额法，要求初步设计必须达到一定深度，建筑结构尺寸比较明确，能按照初步设计的平面图、立面图、剖面图纸计算出楼地面、墙身、门窗和屋面等扩大分项工程（或扩大结构构件）项目的工程量时，方可采用。

建筑工程概算表的编制，按构成单位工程的主要分部分项工程和措施项目编制，根据初步设计工程量按工程所在省、市、自治区颁发的概算定额（指标）或行业概算定额（指标），以及工程费用定额计算。采用概算定额法编制设计概算的步骤如下：

（1）收集基础资料、熟悉设计图纸和了解有关施工条件和施工方法。

（2）按照概算定额子目，列出单位工程中分部分项工程项目名称并计算工程量。工程量计算应按概算定额中规定的工程量计算规则进行,计算时采用的原始数据必须以初步设计图纸所标识的尺寸或初步设计图纸能读出的尺寸为准,并将计算所得各分部分项工程量按概算定额编号顺序,填入工程概算表内。

(3)确定各分部分项工程费。工程量计算完毕后,逐项套用各子目的综合单价,各子目的综合单价应包括人工费、材料费、施工机具使用费、管理费、利润、规费和税金。然后分别将其填入单位工程概算表和综合单价表中。如遇设计图中的分项工程项目名称、内容与采用的概算定额手册中相应的项目与某些不相符时,则按规定对定额进行换算后方可套用。

(4)计算措施项目费。措施项目费的计算应分以下两部分进行:

1)可以计量的措施项目费与分部分项工程费的计算方法相同,其费用按照第(3)项的规定计算。

2)综合计取的措施项目费应以该单位工程的分部分项工程费和可以计量的措施项目费之和为基数乘以相应费率计算。

(5)计算汇总单位工程概算造价,其计算式为

$$单位工程概算造价 = 分部分项工程费 + 措施项目费 \qquad (4-39)$$

2. 概算指标法

概算指标法是用拟建的厂房、住宅的建筑面积(或体积)乘以技术条件相同或基本相同的概算指标而得出人工、材料和机具费用,然后按规定计算出企业管理费、利润、规费和税金等,得出单位工程概算的方法。概算指标法适用的情况包括:

(1)在方案设计中,由于无设计详图而只有概念性设计时,或初步设计深度不够,不能准确地计算出工程量,但工程设计采用的技术比较成熟时,可以选定与该工程相似类型的概算指标编制概算;

(2)设计方案急需造价概算而又有类似工程概算指标可以利用的情况;

(3)图样设计间隔很久后才开始实施,概算造价不适用于当前情况而又急需确定造价的情形下,可按当前概算指标来修正原有概算造价;

(4)通用设计图设计,可组织编制通用图设计概算指标来确定造价。

采用概算指标法编制设计概算包括以下两种情况:

(1)拟建工程结构特征与概算指标相同时的计算。在使用概算指标法时,如果拟建工程在建设地点、结构特征、地质及自然条件、建筑面积等方面与概算指标相同或相近,就可直接套用概算指标编制概算。在直接套用概算指标时,拟建工程应符合以下条件:

1)拟建工程的建设地点与概算指标中的工程建设地点相同;

2)拟建工程的工程特征和结构特征与概算指标中的工程特征、结构特征基本相同;

3)拟建工程的建筑面积与概算指标中工程的建筑面积相差不大。

根据选用的概算指标内容,以指标中所规定的工程每 m^2、m^3 的工料单价,根据管理费、利润、规费、税金的费(税)率确定该子目的全费用综合单价,乘以拟建单位工程建筑面积或体积,即可求出单位工程的概算造价。其计算公式为

单位工程概算造价=概算指标每 m^2(m^3)综合单价×拟建工程建筑面积(体积) (4-40)

(2)拟建工程结构特征与概算指标有局部差异时的调整。在实际工作中,经常会遇到拟建对象的结构特征与概算指标中规定的结构特征有局部不同的情况,因此,必须对概算指标进行调整后方可套用。调整方法如下:

1)调整概算指标中的每 m^2(m^3)综合单价。这种调整方法是将原概算指标中的综合单价进行调整,扣除每 m^2(m^3)原概算指标中与拟建工程结构不同部分的造价,增加每 m^2(m^3)拟建工程与概算指标结构不同部分的造价,使其成为与拟建工程结构相同的综合单价。其计算公式为

$$结构变化修正概算指标(元/m^2)=J+Q_1P_1-Q_2P_2 \quad (4-41)$$

式中 J——原概算指标综合单价;

Q_1——概算指标中换入结构的工程量;

Q_2——概算指标中换出结构的工程量;

P_1——换入结构的综合单价;

P_2——换出结构的综合单价。

若概算指标中的单价为工料单价,则应根据管理费、利润、规费、税金的费(税)率确定该子目的全费用综合单价。再计算拟建工程造价,其计算公式为

单位工程概算造价=修正后的概算指标综合单价×拟建工程建筑面积(体积) (4-42)

2)调整概算指标中的人工、材料、机具数量。这种方法是将原概算指标中每 $100m^2$($1000m^3$)建筑面积(体积)中的人工、材料、机具数量进行调整,扣除原概算指标中与拟建工程结构不同部分的人工、材料、机具消耗量,增加拟建工程与概算指标结构不同部分的人工、材料、机具消耗量,使其成为与拟建工程结构相同的每 $100m^2$($1000m^3$)建筑面积(体积)人工、材料、机具数量。其计算公式如下:

结构变化修正概算指标的人工、材料、机具数量=原概算指标的人工、材料、机具数量+换入结构件工程量×相应定额人工、材料、机具消耗量-换出结构件工程量×相应定额人工、材料、机具消耗量

将修正后的概算指标结合报告编制期的人工、材料、机具要素价格的变化,以及管理费、利润、规费、税金的费(税)率确定该子目的全费用综合单价。

以上两种方法,前者是直接修正概算指标单价,后者是修正概算指标人工、材料、机具数量。修正之后,方可按上述方法分别套用。

3.类似工程预算法

类似工程预算法是利用技术条件与设计对象相类似的已完工程或在建工程的工程造价资料来编制拟建工程设计概算的方法。

当拟建工程初步设计与已完工程或在建工程的设计相似而又没有可用的概算指标时,可以采用类似工程预算法。

类似工程预算法的编制步骤如下:

(1)根据设计对象的各种特征参数,选择最合适的类似工程预算;

(2)根据本地区现行的各种价格和费用标准,计算类似工程预算的人工费、材料费、施工机具使用费、企业管理费修正系数;

(3)根据类似工程预算修正系数和以上四项费用占预算成本的比重,计算预算成本总修正系数,并计算出修正后的类似工程平方米预算成本;

(4)根据类似工程修正后的平方米预算成本和编制概算工程所在地区的利税率计算修正后的类似工程平方米造价;

(5)根据拟建工程的建筑面积和修正后的类似工程平方米造价,计算拟建工程概算造价;

(6)编制概算编写说明。

类似工程预算法对条件有所要求,也就是可比性,即拟建工程项目在建筑面积、结构构造特征要与已建工程基本一致,如层数相同、面积相似、结构相似、工程地点相似等。采用此法时,必须对建筑结构差异和价差进行调整。

(1)建筑结构差异的调整。结构差异调整方法与概算指标法的调整方法相同。即先确定有差别的部分,然后分别按每一项目算出结构构件的工程量和单位价格(按编制概算工程所在地区的单价),然后以类似工程中相应(有差别)的结构构件的工程数量和单价为基础,算出总差价。将类似预算的人工、材料、机具费总额减去(或加上)这部分差价,就得到结构差异换算后的人工、材料、机具费,再行取费得到结构差异换算后的造价。

(2)价差调整。类似工程造价的价差调整可以采用以下两种方法:

1)当类似工程造价资料有具体的人工、材料、机具台班的用量时,可按类似工程预算造价资料中的主要材料、工日、机具台班数量乘以拟建工程所在地的主要材料预算价格、人工单价、机具台班单价,计算出人工、材料、机具费,再计算企业管理费、利润、规费和税金,即可得出所需的综合。

2)类似工程造价资料只有人工、材料、施工机具使用费和企业管理费等费用或费率时,可按以下公式调整:

$$D = A \cdot K \tag{4-43}$$

$$K = a\% K_1 + b\% K_2 + c\% K_3 + d\% K_4 \tag{4-44}$$

式中 D——拟建工程成本单价;

A——类似工程成本单价；

K——成本单价综合调整系数；

a%、b%、c%、d%——类似工程预算的人工费、材料费、施工机具使用费、企业管理费占预算成本的比重，如 a%=类似工程人工费/类似工程预算成本×100%，b%、c%、d%类同；

K_1、K_2、K_3、K_4——拟建工程地区与类似工程预算成本在人工费、材料费、施工机具使用费、企业管理费之间的差异系数，如 K_1=拟建工程概算的人工费（或工资标准）/类似工程预算人工费（或地区工资标准），K_2、K_3、K_4类同。

以上综合调价系数是以类似工程中各成本构成项目占总成本的百分比为权重，按照加权的方式计算成本单价的调价系数，根据类似工程预算提供的资料，也可按照同样的计算方法算出人、材、机费的综合调整系数，通过系数调整类似工程的工料单价，再按照相应取费基数和费率计算间接费、利润和税金，也可得出所需的综合单价。总之，以上方法应灵活运用。

4. 单位设备及安装工程概算编制方法

单位设备及安装工程概算包括单位设备及工、器具购置费概算和单位设备安装工程费概算两大部分。

（1）设备及工、器具购置费概算。设备及工、器具购置费是根据初步设计的设备清单计算出设备原价，并汇总求出设备总原价，然后按有关规定的设备运杂费费率乘以设备总原价，两项相加再考虑工、器具及生产家具购置费即为设备及工、器具购置费概算。设备及工、器具购置费概算的编制依据包括设备清单、工艺流程图；各部、省、市、自治区规定的现行设备价格和运费标准、费用标准。

（2）设备安装工程费概算的编制方法。设备安装工程费概算的编制方法应根据初步设计深度和要求所明确的程度而采用，其主要编制方法如下：

1) 预算单价法。当初步设计较深，有详细的设备清单时，可直接按安装工程预算定额单价编制安装工程概算，概算编制程序与安装工程施工图预算程序基本相同。该法的优点是计算比较具体，精确性较高。

2) 扩大单价法。当初步设计深度不够，设备清单不完整，只有主体设备或仅有成套设备质量时，可采用主体设备、成套设备的综合扩大安装单价来编制概算。

上述两种方法的具体编制步骤与建筑工程概算相类似。

3) 设备价值百分比法，又叫作安装设备百分比法。当初步设计深度不够，只有设备出厂价而无详细规格、质量时，安装费可按占设备费的百分比计算。其百分比值（即安装费费率）由相关管理部门制定或由设计单位根据已完类似工程确定。该法常用于价格波动不大的定型产品和通用设备产品，其计算公式为

$$设备安装费=设备原价×安装费费率（\%） \quad (4-45)$$

4) 综合吨位指标法。当初步设计提供的设备清单有规格和设备质量时，可采用

综合吨位指标编制概算，其综合吨位指标由相关主管部门或由设计单位根据已完类似工程的资料确定。该法常用于设备价格波动较大的非标准设备和引进设备的安装工程概算。其计算公式为

$$设备安装费 = 设备吨重 \times 每吨设备安装费指标（元/吨） \qquad (4-46)$$

（三）单项工程综合概算的编制

单项工程综合概算是确定单项工程建设费用的综合性文件，它是由该单项工程所属的各专业单位工程概算汇总而成的，是建设项目总概算的重要组成部分。

单项工程综合概算采用综合概算表（包含其所附的单位工程概算表和建筑材料表）进行编制。对单一的、具有独立性的单项工程建设项目，按照两级概算编制形式，直接编制总概算。

综合概算表是根据单项工程所管辖范围内的各单位工程概算等基础资料，按照国家或部委所规定统一表格进行编制。对工业建筑而言，其概算包括建筑工程和设备及安装工程；对民用建筑而言，其概算包括土建工程、给水排水、采暖、通风及电气照明工程等。

综合概算一般应包括建筑工程费用、安装工程费用、设备及工器具购置费。

综合概算表是根据单项工程所辖范围内的各单位工程概算等基础资料，按照国家或部委所规定统一表格进行编制。

（四）建设项目总概算的编制

建设项目总概算是设计文件的重要组成部分，是预计整个建设项目从筹建到竣工交付使用所花费的全部费用的文件。它是由各单项工程综合概算、工程建设其他费用、建设期利息、预备费和经营性项目的铺底流动资金概算所组成，按照主管部门规定的统一表格进行编制而成的。

设计总概算文件应包括编制说明、总概算表、各单项工程综合概算书、工程建设其他费用概算表、主要建筑安装材料汇总表。独立装订成册的总概算文件宜加封面、签署页（扉页）和目录。

1. 封面、签署页及目录。
2. 编制说明。编制说明包括以下内容：

（1）工程概况。简述建设项目性质、特点、生产规模、建设周期、建设地点、主要工程量和工艺设备等情况。引进项目要说明引进内容以及与国内配套工程等主要情况。

（2）编制依据。编制依据包括国家和有关部门的规定、设计文件、现行概算定额或概算指标、设备材料的预算价格和费用指标等。

（3）编制方法。说明设计概算是采用概算定额法，还是采用概算指标法，或者其他方法。

（4）主要设备、材料的数量。

（5）主要技术经济指标。主要包括项目概算总投资（有引进地给出所需外汇额度）及主要分项投资、主要技术经济指标（主要单位投资指标）等。

（6）工程费用计算表。主要包括建筑工程费用计算表、工艺安装工程费用计算表、配套工程费用计算表、其他涉及的工程的工程费用计算表。

（7）引进设备材料有关费率取定及依据。主要是关于国际运输费、国际运输保险费、关税、增值税、国内运杂费、其他有关税费等。

（8）引进设备材料从属费用计算表。

（9）其他必要的说明。

3.总概算表。总概算表格式见表4-1（适用于采用三级编制形式的总概算）。

表4-1　总概算表

序号	概算编号	工程项目或费用名称	建筑工程费	设备购置费	安装工程费	其他费用	合计	其中：引进部分		占总投资比例/%
								美元	折合人民币	
一		工程费用								
1		主要工程								
2		辅助工程								
3		配套工程								
二		工程建设其他费用								
1										
2										
三		预备费								
四		建设期利息								
五		流动资金								
		建设项目概算总投资								

4.工程建设其他费用概算表。工程建设其他费用概算按国家或地区或部委所规定的项目和标准确定，并按统一格式编制（表4-2）。应按具体发生的工程建设其他费用项目填写工程建设其他费用概算表，需要说明和具体计算的费用项目依次相应在说明及计算式栏内填写或具体计算。填写时注意以下事项：

（1）土地征用及拆迁补偿费应填写土地补偿单价、数量和安置补助费标准、数量等，列式计算所需的费用，填入金额栏。

（2）建设管理费包括建设单位（业主）管理费、工程监理费等，按"工程费用×费率"或有关定额列式计算。

（3）研究试验费应根据设计需要进行研究试验的项目分别填写项目名称及金额或列式计算或进行说明。

5. 单项工程综合概算表和建筑安装单位工程概算表。

6. 主要建筑安装材料汇总表。针对每一个单项工程列出钢筋、型钢、水泥、木材等主要建筑安装材料的消耗量。

表 4-2　工程建设其他费用概算表

工程名称：　　　　　　　　　　　　单位：万元　共　页　第　页

序号	费用项目编号	费用项目名称	费用计算基数	费率	金额	计算公式	备注
1							
2							
		合计					

编制人：　　　　　审核人：　　　　　审定人：

第五节　施工图预算的编制

一、施工图预算的含义与作用

（一）施工图预算的含义

施工图预算是在工程设计的施工图完成以后，以施工图为依据，根据工程预算定额、费用标准以及工程所在地区的人工、材料、施工机械台班的预算价格所编制的一种确定单位工程预算造价的经济文件。施工图预算是建筑安装工程施工图预算的组成部分，是工程建设施工阶段核定工程施工造价的重要文件。

（二）施工图预算的作用

1. 施工图预算对建设单位的作用。

（1）施工图预算是施工图设计阶段确定建设工程项目造价的依据，是设计文件的重要组成部分。

（2）施工图预算是建设单位在施工期间安排建设资金计划和使用建设资金的依据。建设单位按照施工组织设计、施工工期、工程施工顺序、各个部分预算造价安排建设资金计划，确保资金的有效使用，保证项目建设顺利进行。

（3）施工图预算是招标投标的重要基础，既是工程量清单的编制依据，也是招标控制价编制的依据。

（4）施工图预算是拨付进度款及办理工程结算的依据。

2.施工图预算对施工企业的作用。

（1）根据施工图预算确定投标报价。在竞争激烈的建筑市场，积极参与投标的施工企业根据施工图预算确定投标报价，制定出投标策略，从某种意义上关系到企业的生存与发展。

（2）根据施工图预算进行施工准备。施工企业通过投标竞争中标并签订工程承包合同。此后，劳动力的调配、安排；材料的采购、储存；机械台班的安排使用；内部分包合同的签订等，均是以施工图预算为依据安排的。

（3）根据施工图预算拟定降低成本措施。在招标承包制中，根据施工图预算确定的中标价格是施工企业收取工程价款的依据，企业必须依据工程实际，合理利用时间、空间，拟订人工、材料、机械台班、管理费等降低成本的技术、组织和安全技术措施，确保工程快、好、省地完成，以获得经济效益。

（4）根据施工图预算编制施工预算。在拟定降低工程计划成本措施的基础上，施工企业在施工前应编制施工预算。施工预算仍然是以施工图计算的工程量为依据的，并采用工程定额来编制。

二、施工图预算的编制内容

（一）施工图预算文件的组成

施工图预算由建设项目总预算、单项工程综合预算和单位工程预算组成。建设项目总预算由单项工程综合预算汇总而成；单项工程综合预算由组成本单项工程的各单位工程预算汇总而成；单位工程预算包括建筑工程预算和设备及安装工程预算。

施工图预算根据建设项目实际情况可采用三级预算编制或二级预算编制形式。当建设项目有多个单项工程时，应采用三级预算编施制制形式。三级预算编制形式由建设项目总预算、单项工程综合预算、单位工程预算组成。当建设项目只有一个单项工程时，应采用二级预算编制形式。二级预算编制形式由建设项目总预算和单位工程预算组成。

采用三级预算编制形式的工程预算文件包括封面、签署页及目录、编制说明、总预算表、综合预算表、单位工程预算表、附件等内容。采用二级预算编制形式的工程预算文件包括封面、签署页及目录、编制说明，总预算表、单位工程预算表、附件等内容。

（二）施工图预算的内容

按照预算文件的不同，施工图预算的内容也有所不同。建设项目总预算是反映施工图设计阶段建设项目投资总额的造价文件，是施工图预算文件的主要组成部分，由组成该建设项目的各个单项工程综合预算和相关费用组成。其具体包括建筑安装工程费、设备及工器具购置费、工程建设其他费用、预备费、建设期利息及铺底流动资金。施工图总预算应控制在已批准的设计总概算投资范围以内。

单项工程综合预算是反映施工图设计阶段一个单项工程（设计单元）造价的文件，是总预算的组成部分，由构成该单项工程的各个单位工程施工图预算组成。其编制的费用项目是各单项工程的建筑安装工程费和设备及工、器具购置费总和。

单位工程预算是依据单位工程施工图设计文件、现行预算定额以及人工、材料和施工机具台班价格等，按照规定的计价方法编制的工程造价文件，包括单位建筑工程预算和单位设备及安装工程预算。单位建筑工程预算是建筑工程各专业单位工程施工图预算的总称，按其工程性质可分为一般土建工程预算，给水排水工程预算，采暖通风工程预算，煤气工程预算，电气照明工程预算，弱电工程预算，特殊构筑物，如烟囱、水塔等工程预算以及工业管道工程预算等。安装工程预算是安装工程各专业单位工程预算的总称，安装工程预算按其工程性质可分为机械设备安装工程预算、电气设备安装工程预算、工业管道工程预算和热力设备安装工程预算等。

三、施工图预算编制

（一）施工图预算编制依据

编制依据是指编制建设项目施工图预算所需的一切基础资料。建设项目施工图预算的编制依据主要有以下几个方面：

1. 根据国家、行业、地方政府发布的计价依据，有关法律法规或规定。

2. 工程施工合同或协议书。工程施工合同是发包单位和承包单位履行双方各自承担的责任和分工的经济契约，也是当事人按有关法令、条例签订的权利和义务的协议。它完整地表达了甲、乙双方对有关工程价值既定的要求，明确了双方的责任以及分工协作、互相制约、互相促进的经济关系。经双方签订的合同包括双方同意的有关修改承包合同的设计和变更文件，承包范围，结算方式，包干系数的确定，材料量、质和价的调整，协商记录、会议纪要以及资料和图表等。这些都是编制工程概预算的主要依据。

3. 经过批准和会审的施工图纸和设计文件。预算编制单位必须具备建设单位、设计单位和施工单位共同会审的全套施工图和设计变更通知单，经三方签署的图纸会审记录，以及有关的各类标准图集。完整的施工图及其说明，以及图上注明采用的全部标准图是进行预算列项和计算工程量的重要依据之一。除此以外，预算部门还应具备所需的一切标准图（包括国家标准图和地区标准图）。通过这些资料，可以对工程概况（工程性质、结构等）有一个详细的了解，这是编制施工图预算的前提条件。

4. 批准的施工图设计图纸及相关标准图集和规范。

5. 经过批准的设计总概算文件。经过批准的设计总概算文件是国家控制拨款或贷款的最高限额，也是控制单位工程预算的主要依据。因此，在编制工程施工图预算时，必须以此为依据，使其预算造价不能突破单项工程概算中所规定的限额。如工程预算确定的投资总额超过设计概算，应补做调整设计概算，并经原批准单位批准后方可实施。

6. 工程预算定额。工程预算定额对于各分项工程项目都进行了详细的划分，同时，对于分项工程的内容、工程量计算规则等都有明确的规定。工程预算定额还给出了各个项目的人工、材料、机械台班的消耗量，是编制施工图预算的基础资料。

7. 经过批准的施工组织设计或施工方案。工程施工组织设计具体规定了工程中各分部分项工程的施工方法、施工机具、构配件加工方式、施工进度计划技术组织措施和现场平面布置等内容，它直接影响整个工程的预算造价，是计算工程量、选套定额项目和计算其他费用的重要依据。施工组织设计或施工方案必须合理，且必须经过上级主管部门批准。

8. 材料价格。材料费在工程造价中所占的比重很大，由于工程所在地区不同，运费不同，必将导致材料预算价格的不同。因此，要正确计算工程造价，必须以相应地区的材料预算价格进行定额调整或换算，作为编制工程预算的主要依据。

9. 项目所在地区有关的气候、水文、地质地貌等自然条件。

10. 项目的技术复杂程度以及新技术和专利使用情况等。

11. 项目所在地区有关的经济和人文等社会条件。

（二）单位工程施工图预算的编制

1. 建筑安装工程费计算

单位工程施工图预算包括建筑工程费、安装工程费和设备及工、器具购置费。单位工程施工图预算中的建筑安装工程费应根据施工图设计文件、预算定额（或综合单价），以及人工、材料及施工机具台班等价格资料进行计算。由于施工图预算既可以是设计阶段的施工图预算书，也可以是招标或投标，甚至施工阶段依据施工图纸形成的计价文件。因而，它的编制方法较为多样，在设计阶段，主要采用的编制方法是单价法，招标及施工阶段主要的编制方法是基于工程量清单的综合单价法。在此主要介绍设计阶段的单价法，单价法又可分为工料单价法和全费用综合单价法两种。

（1）工料单价法。工料单价法是指分部分项工程及措施项目的单价为工料单价，将子项工程量乘以对应工料单价后的合计作为直接费，直接费汇总后，再根据规定的计算方法计取企业管理费、利润、规费和税金，将上述费用汇总后得到该单位工程的施工图预算造价。工料单价法中的单价，一般采用地区统一单位估价表中的各子目工料单价（定额基价）。工料单价法计算公式为

建筑安装工程预算造价=Σ（子目工程量×子目工料单价）+企业管理费+利润+规费+税金
(4-47)

（2）全费用综合单价法。采用全费用综合单价法编制建筑安装工程预算的程序与工料单价法大体相同，只是直接采用包含全部费用和税金等项在内的综合单价进行计

算,过程更加简单,其目的是适应目前推行的全过程全费用单价计价的需要。

1)分部分项工程费的计算。建筑安装工程预算的分部分项工程费应由各子目的工程量乘以各子目的综合单价汇总而成。各子目的工程量应按预算定额的项目划分及其工程量计算规则计算。各子目的综合单价应包括人工费、材料费、施工机具使用费、管理费、利润、规费和税金。

2)综合单价的计算。各子目综合单价的计算可通过预算定额及其配套的费用定额确定。其中,人工费、材料费、机具费应根据相应的预算定额子目的人工、材料、机具要素消耗量,以及报告编制期人、材、机的市场价格(不含增值税进项税额)等因素确定;管理费、利润、规费、税金等应依据预算定额配套的费用定额或取费标准,并依据报告编制期拟建项目的实际情况、市场水平等因素确定,同时编制建筑安装工程预算时,应同时编制综合单价分析表。

3)措施项目费的计算。建筑安装工程预算的措施项目费应按下列规定计算。

①可以计量的措施项目费与分部分项工程费的计算方法相同;

②综合计取的措施项目费应以该单位工程的分部分项工程费和可以计量的措施项目费之和为基数乘以相应费率计算。

4)分部分项工程费与措施项目之和,即为建筑安装工程施工图预算费用。

2. 设备及工、器具购置费计算

设备购置费由设备原价和设备运杂费构成。未达到固定资产标准的工、器具购置费一般以设备购置费为计算基数,按照规定的费率计算。设备及工、器具购置费编制方法及内容可参照设计概算相关内容。

3. 单位工程施工图预算书编制

单位工程施工图预算由建筑安装工程费和设备及工、器具购置费组成,将计算好的建筑安装工程费和设备及工、器具购置费相加,得到单位工程施工图预算,即

单位工程施工图预算=建筑安装工程预算+设备及工、器具购置费 (4-48)

单位工程施工图预算文件由单位建筑工程施工图预算表(表4-3)和单位设备及安装工程预算表(表4-4)组成。

表4-3 单位建筑工程施工图预算表

施工图预算编号: 工程项目名称: 共 页 第 页

序号	项目编码	工程项目或费用名称	项目特征	单位	数量	综合单价/元	合价/元
一		分部分项工程					
(一)		土石方工程					
1	××	×××××					
2	××	×××××					

续表

序号	项目编码	工程项目或费用名称	项目特征	单位	数量	综合单价/元	合价/元
（二）		砌筑工程					
1	××	×××××					
（三）		楼地面工程					
1	××	×××××					
（四）		××工程					
		分部分项工程费用小计					
二		可计量措施项目					
（一）		××工程					
1	××	×××××					
2	××	×××××					
（二）		××工程					
1	××	×××××					
		可计量措施项目费小计					
三		综合取定的措施项目费					
1		安全文明施工费					
2		夜间施工增加费					
3		二次搬运费					
4		冬、雨期施工增加费					

编制人：　　　　　　审核人：　　　　　　审定人：

表 4-4 单位设备及安装工程施工图预算表

施工图预算编号：　　　　工程项目名称：　　　　　共　　页　　第　　页

序号	项目编码	工程项目或费用名称	项目特征	单位	数量	综合单价/元		合价/元	
						安装工程费	其中：设备费	安装工程费	其中：设备费
一		分部分项工程							
(一)		机械设备安装工程							
1	××	×××××							
2	××	×××××							
(二)		电气工程							
1	××	×××××							
(三)		给水排水工程							
1	××	×××××							
(四)		××工程							
		分部分项工程费用小计							
二		可计量措施项目							
(一)		××工程							
1	××	×××××							
2	××	×××××							
(二)		××工程							
1	××	×××××							
		可计量措施项目费小计							
三		综合取定的措施项目费							
1		安全文明施工费							
2		夜间施工增加费							
3		二次搬运费							
4		冬、雨期施工增加费							
	××	×××××							
		综合取定措施项目费小计							

编制人：　　　　　　审核人：　　　　　　审定人：

(三) 单项工程总额预算的编制

单项工程综合预算造价由组成该单项工程的各个单位工程预算造价汇总而成。计算公式如下：

单项工程施工图预算=Σ 单位建筑工程费用+Σ 单位设备及安装工程费用 （4-49）

单项工程综合预算书主要由综合预算表构成，综合预算表格式见表4-5。

表4-5 综合预算表

综合预算编号： 工程名称（单项工程）： 单位：万元 共 页 第 页

序号	项目编码	工程项目或费用名称	设计规模或主要工程量	建筑工程费	设备及工、器具购置费	安装工程费	其中：引进部分	
							美元	折合人民币
一		主要工程						
1		×××××						
2		×××××						
二		辅助工程						
1		×××××						
2		×××××						
二		配套工程						
1		×××××						
1		×××××						
		单项工程预算费用合计						

编制人： 审核人： 项目负责人：

(四) 建设项目总预算的编制

建设项目总预算由组成该建设项目的各个单项工程综合预算，以及经计算的工程建设其他费、预备费和建设期利息和铺底流动资金汇总而成。三级预算编制中总预算由综合预算和工程建设其他费、预备费、建设期利息及铺底流动资金汇总而成。其计算公式如下：

总预算=Σ 单项工程施工图预算+工程建设其他费+预备费+建设期利息+铺底流动资金 （4-50）

二级预算编制中总预算由单位工程施工图预算和工程建设其他费、预备费、建设期利息及铺底流动资金汇总而成。其计算公式如下：

总预算=Σ 单位建筑工程费用+Σ 单位设备及安装工程费用+工程建设其他费+预备费+建设期利息+铺底流动资金 （4-51）

以建设项目施工图预算编制时为界线，若上述费用已经发生，按合理发生金额列入，如果还未发生，按照原概算内容和本阶段的计费原则计算列入。

采用三级预算编制形式的工程预算文件，包括封面、签署页及目录、编制说明、总预算表、综合预算表、单位工程预算表、附件等内容。其中，总预算表的格式见表4-6。

表4-6 总预算表

总预算编号： 工程名称： 单位：万元 共 页 第 页

序号	项目编码	工程项目或费用名称	建筑工程费	设备及工、器具购置费	安装工程费	其他费用	合计	其中：引进部分		占总投资比例/%
								美元	折合人民币	
一		工程费用								
1		主要工程								
		×××××								
2		辅助工程								
		×××××								
3		配套工程								
		×××××								
二		其他费用								
1		×××××								
2		×××××								
三		预备费								
四		专项费用								
1		×××××								
2		×××××								
		建设项目预算总投资								

第五章 项目招投标阶段造价控制

第一节 概　述

一、建设项目招投标的概念

建设工程招标是指招标人（或招标单位）在发包建设项目之前，以公告或邀请书的方式提出招标项目的有关要求，投标人（或投标单位）根据招标人的意图和要求提出报价，择日当场开标，以便从中择优选定中标人的一种交易行为。

建设工程投标是指具有合法资格和能力的投标人（或投标单位）根据招标条件，经过初步研究和估算，在指定期限内填写投标书，根据实际情况提出自己的报价，通过竞争企图为招标人选中，并等待开标，决定能否中标的一种交易方式。

二、建设项目招标的方式

根据《中华人民共和国招标投标法》的规定，工程招标分为公开招标和邀请招标两种方式。

（一）公开招标

公开招标是指招标人在指定的报刊、电子网络或其他媒体上发布招标公告，吸引众多的投标人参加投标竞争，招标人从中择优选择中标单位的招标方式。公开招标是一种无限制的竞争方式，按竞争程度又可以分为国际竞争性招标和国内竞争性招标。公开招标可以保证招标人有较大的选择范围，可在众多的投标人中选定报价合理、工期较短、信誉良好的承包商，有助于打破垄断，实行公平竞争。

（二）邀请招标

邀请招标也称有限竞争投标，是指招标人以投标邀请书的方式邀请特定的法人或者其他组织投标，选择一定数目的法人或其他组织（不少于3家）。因邀请招标是选择在施工经验、技术力量、经济和信誉上都比较可靠的投标单位，因而一般能保证进度和质量要求。此外，参加投标的承包商数量少，因而招标时间相对缩短，招标费用也较少。

由于邀请招标在价格和竞争的公平性上仍存在一些不足之处，因此《中华人民共和国招标投标法》规定，国家重点项目和省、自治区、直辖市的地方不宜进行公开招标的重点项目，经过批准后才可以进行邀请招标。

公开招标与邀请招标相比，可以在较大的范围内优选中标人，有利于投标竞争，但招标花费的费用较高、时间较长。采用何种形式招标应在招标准备阶段进行认真研究，主要分析哪些项目对投标人有吸引力，可以在市场中展开竞争。对于明显可以展开竞争的项目，应首先考虑采用打破地域和行业界限的公开招标。

三、建设项目施工招标投标程序

施工招投标划分为业主的招标行为和承包商的投标行为。这两个方面是相辅相成、紧密联系的，工程招标过程对于建设工程投资控制及风险的分担极为重要。

四、建设工程招投标阶段的工作内容

施工招标过程中招标人和投标人的工作内容，见表5-1。

表5-1 施工招标过程中招标人和投标人的工作内容

阶段	主要工作步骤	主要工作内容	
		招标人	投标人
招标准备阶段	申请审批、核准招标	将施工招标范围、招标方式、招标组织形式报项目审批、核准部门审批、核准	组成投标小组进行市场调查准备投标资料研究投标策略
	组建招标组织	自行建立招标组织或委托招标代理机构	
	策划招标方案	划分施工标段、确定合同类型	
	招标公告或投标邀请	发布招标公告（及资格预审公告）或发出投标邀请函	
	编制标底或确定招标控制价	编制标底或确定招标控制价	
	准备招标文件	编制资格预审文件和招标文件	
资格审查	发售资格预审文件	发售资格预审文件	购买资格预审文件 填报资格预审材料

续表

阶段	主要工作步骤	主要工作内容	
		招标人	投标人
	进行资格预审	分析评价资格预审材料 确定资格预审合格者 通知资格预审结果	回函收到资格预审结果
	发售招标文件	发售招标文件	购买招标文件
	现场踏勘、标前会议	组织现场踏勘和标前会议 进行招标文件的澄清和补遗	参加现场踏勘和标前会议对招标文件提出质疑
	投标文件的编制、递交和接收	接收投标文件（包括投标保函）	编制投标文件递交投标文件
开标 评标 中标	开标	组织开标会议	参加开标会议
	评标	投标文件初评 要求投标人提交澄清资料（必要时） 编写评标报告	提交澄清资料（必要时）
	中标	确定中标人 发出中标通知书 签订施工合同	进行合同谈判提交履约保函签订施工合同

第二节 建设项目招标与招标控制价

一、建设工程招标文件的编制原则

招标文件是指由招标人或招标代理机构编制并向潜在投标人发售的明确资格条件、合同条款、评标方法和投标文件相应格式的文件。因此，招标文件的编制必须做到系统、完整、准确、明晰，即目标明确，能够使投标单位一目了然。建设单位也可以根据具体情况，委托具有相应资质的咨询、监理单位代理招标。编制招标文件一般应遵循以下原则：

①招标单位、招标代理机构及建设项目应具备招标条件。

②必须遵守国家的法律、法规及贷款组织的要求。招标文件是中标人签订合同的基础，也是进行施工进度控制、质量控制、成本控制及合同管理的基本依据。如果建设项目是贷款项目，则其必须按规定和审批程序来编制招标文件。

③公平、公正处理招标单位和承包商的关系，保护双方的利益。在招标文件中过多地将招标单位风险转移给投标单位一方，势必使投标单位加大风险，提高投标报价，反而会使招标单位增加支出。

④招标文件的内容要力求统一，避免文件之间的矛盾。招标文件涉及投标单位须知、合同条件、技术规范、工程量清单等多项内容。当项目规模大、技术构成复杂、合同多时，编制招标文件应重视内容的统一性。如果各部分之间矛盾多，就会增加投标工作和履行合同过程中的争议，影响工程施工，造成经济损失。

⑤详尽地反映项目的客观和真实情况。只有客观、真实的招标文件才能使投标单位的投标建立在可靠的基础上，减少签约和履行过程中的争议。

⑥招标文件的用词应准确、简洁、明了。招标文件是投标文件的编制依据，投标文件是工程承包合同的组成部分，客观上要求在编写中必须使用规范用语、本专业术语，做到用词准确、简洁和明了，避免歧义。

⑦尽量采用行业招标范本格式或其他贷款组织要求的范本格式编制招标文件。

二、招标文件的内容

施工招标文件包括以下内容：

（一）招标公告（或投标邀请书）

招标公告的内容主要包括：

①招标人名称、地址、联系人姓名、电话；委托代理机构进行招标的，还应注明该机构的名称和地址。

②工程情况简介，包括项目名称、建筑规模、工程地点、结构类型、装修标准、质量要求、工期要求。

③承包方式，材料、设备供应方式。

④对投标人资质的要求及应提供的有关文件。

⑤招标日程安排。

⑥招标文件的获取办法，包括发售招标文件的地点、文件的售价及开始和截止出售的时间。

⑦其他要说明的问题。

当进行资格预审时，应采用投标邀请书的方式，邀请书内容包括：招标条件、项目概况与招标范围、投标人资格要求、招标文件的获取、投标文件的递交和确认、联系方式等。该邀请书可代替资格预审通过通知书，以明确投标人已具备了在某具体项目标段的投标资格。

（二）投标人须知

投标人须知是依据相关的法律法规，结合项目和业主的要求，对招标阶段的工作程序进行安排，对招标方和投标方的责任、工作规则等进行约定的文件。

①总则。总则是要准确地描述项目的概况、资金的情况、招标的范围、计划工期和项目的质量要求；对投标资格的要求以及是否接受联合体投标和对联合体投标的要求；是否组织踏勘现场和投标预备会，组织的时间和费用的承担等的说明；是否允许分包以及分包的范围；是否允许投标文件偏离招标文件的某些要求，允许偏离的范围和要求等。

②招标文件。主要包括招标文件的构成以及澄清和修改的规定。

投标人须知要说明招标文件发售的时间、地点，招标文件的澄清和说明。招标文件发售的时间不得少于5个工作日，发售的地点应是详细的地址，如××市××路××大厦××房间，不能简单地说××单位的办公楼。

在投标截止时间15天前，招标人可以以书面形式修改招标文件，并通知所有已购买招标文件的投标人。

③对投标文件的组成、投标报价、投标有效期、投标保证金的约定，投标文件的递交、开标的时间和地点、开标程序、评标、定标的相关约定，招标过程对投标人、招标人、评标委员会的纪律要求监督。

（三）评标办法

评标办法可选择经评审的最低投标价法和综合评估法。

（四）合同条款及格式

包括合同协议书格式、履约担保格式和预付款担保格式。

（五）工程量清单

工程量清单涵盖了拟建工程实体性项目、非实体性项目和其他项目名称及相应数量，有助于实现工程项目的具体量化和计量支付；也为编制招投标控制价提供了依据。

（六）图纸

图纸是指应由招标人提供的用于计算招标控制价和投标人计算投标报价所必需的各种详细程度的图纸。

（七）技术标准和要求

招标文件规定的各项技术标准应符合国家强制性规定。招标文件中规定的各项技术标准均不得要求或标明某一特定的专利、商标、名称、设计、原产地或生产供应者，不得含有倾向或者排斥潜在投标人的其他内容。

三、招标控制价编制

（一）招标控制价的概念

招标控制价是指招标人根据国家或省级、行业建设主管部门颁发的有关计价依据和办法，按设计施工图样计算的，对招标工程限定的最高工程造价。

（二）招标控制价的编制内容

①综合单价中应包括招标文件中划分的应由投标人承担的风险范围及其费用。招标文件中没有明确的，如是工程造价咨询人编制的，应提请招标人明确；如是招标人编制的，应予明确。

②分部分项工程的单价项目，应根据拟定的招标文件和招标工程量清单项目中的特征描述及有关要求确定综合单价计算。

③措施项目的单价项目，应根据拟定的招标文件和招标工程量清单项目中的特征描述及有关要求确定综合单价计算。

措施项目中的总价项目应根据拟定的招标文件和常规施工方案按规范的规定计价。

④其他项目应按下列规定计价：

暂列金额应按招标工程量清单中列出的金额填写。

暂估价中的材料、工程设备单价应按招标工程量清单中列出的单价计入综合单价；暂估价专业工程金额应按招标工程量清单中的价格确定。

⑤规费和税金按国家或省级、行业建设主管部门的规范规定计算。

（三）招标控制价的编制程序与综合单价的确定

1. 招标控制价计价程序

招标控制价的编制必须遵循一定的程序才能保证招标控制价的正确性和科学性，其编制程序如下：

招标控制价编制前的准备工作，包括：①熟悉施工图纸及说明，如发现图纸中有问题或不明确之处，可要求设计单位进行交底、补充；②进行现场踏勘，实地了解施工现场情况及周围环境；③了解工程的工期要求；④进行市场调查，掌握材料、设备的市场价格。

确定计价方法，确定招标控制价是按传统的定额计价法编制还是按工程量清单计价法编制。

招标控制价汇总表包括：建设项目招标控制价汇总表、单项工程招标控制价汇总表和单位工程招标控制价汇总表，如表5-2～表5-4所示。

表5-2　建设项目招标控制价汇总表

工程名称：　　　　　　　标段：

序号	单项工程名称	金额/元	其中/元：		
			暂估价	安全文明施工费	规费
	合计				

表5-3 单项工程招标控制价汇总表

工程名称：   标段：

序号	单项工程名称	金额/元	其中/元：		
			暂估价	安全文明施工费	规费
	合计				

表5-4 建设单位工程招标控制价计价程序

工程名称：   标段：

序号	内容	计算方法	金额/元
1	分部分项工程费	按计价规定计算	
1.1			
1.2			
1.3			
1.4			
1.5			
2	措施项目费	按计价规定计算	
2.1	其中：安全文明施工费	按规定标准计算	
3	其他项目费		
3.1	其中：暂列金额	按计价规定估算	
3.2	其中：专业工程暂估价	按计价规定估算	
3.3	其中：计日工	按计价规定估算	
3.4	其中：总承包服务费	按计价规定估算	
4	规费	按规定标准计算	
5	税金（扣除不列入计税范围的工程设备金额）	（1+2+3+4）×规定税率	
招标控制价合计=1+2+3+4+5			

审核招标控制价格，定稿。

2.综合单价的确定

招标控制价的分部分项工程费应由各单位工程的招标工程量清单乘以其相应综合单价汇总而成。综合单价的确定应按照招标文件中的分部分项工程量清单的项目名称、工程量、项目特征描述，依据工程所在地区颁发的计价定额和人工、材料、机械台班价格信息等进行编制，并应编制工程量清单综合单价分析表。

编制招标控制价在确定其综合单价时，应考虑一定范围内的风险因素。在招标文件中应通过预留一定的风险费用，或明确说明风险所包含的范围及超出该范围的价格调整方法。

（四）招标控制价计价文件组成内容及格式

招标控制价计价文件由下列内容组成：封面、总说明、招标控制价汇总表、分部分项工程量清单计价表、措施项目清单计价表、其他项目清单计价表、规费、税金项目清单计价表、工程量清单综合单价分析表、措施项目清单综合单价分析表。文件格式除封面外，与投标报价文件格式相同。详细格式文件见《建设工程工程量清单计价规范》(GB50500-2013)。

（五）编制招标控制价需要考虑的其他因素

根据上述方式确定的招标控制价，只是理论计算值，而在实际的工程中，还需在理论计算值的基础上考虑以下因素：

①必须反映工期要求，对于合理的工期提前应给予必要的赶工费和奖励，并列入招标控制价。

②必须反映招标方的质量要求，对工程质量的优劣程度要在招标控制价中体现。

③必须考虑不可预测的风险因素带来的成本的提高。

④必须考虑招标工程的自然地理条件等影响施工正常进行的因素。

第三节　建设项目投标与投标报价

一、施工投标的概述

（一）施工投标的概念

建设工程投标是指承建单位依据有关规定和招标单位拟定的招标文件参与竞争，并按照招标文件的要求，根据本企业的实际水平、能力以及各种环境条件等，对拟投标工程所需的成本、利润、相应的风险费用等进行计算后提出报价并争取中标，以图与建设工程项目法人单位达成协议的经济法律活动。

（二）施工投标的程序

建设工程施工投标的程序如图5-1所示。

报名参加投标→资格材料送审→取得招标文件→研究招标文件→调查招标文件→调查招标环境→编制施工方案→计算投标报价→编制投标文件→投送标书→参加开标会议→投标文件澄清→若中标，签订合同

图5-1　建设工程施工投标的程序

建设工程施工投标程序主要是指投标工作在时间和空间上应遵循的先后顺序，从

投标人的角度看，建设工程项目施工投标的一般程序主要经历以下几个环节。

1. 报名参加投标

投标人根据招标公告或投标邀请书，跟踪招标信息，向招标人提出申请，并提交有关资料。报名参加投标的单位应向招标单位提供如下资料：企业经营执照和资质证书；企业简历；自有资金情况；全员职工人数，包括技术人员、技术工人数量、平均技术等级及企业自有主要施工机械设备一览表；近3年承建的主要工程及质量情况；现有主要施工任务，包括在建或尚未开工工程一览表。

2. 接受招标人的资格审查（如果是资格预审）

资格预审是在投标之前，由招标单位对各承包人财务状况、技术能力、社会信誉等方面进行的一次全面审查，只有技术力量和财力雄厚、社会信誉高的企业才能顺利通过资格预审。

3. 购买招标文件，交押金领取相关的技术资料

对通过资格预审的施工企业，可以领到或购买招标单位发送的招标文件。

4. 研究招标文件

招标文件是投标和报价的主要依据。承包人领取招标文件后，应充分了解招标文件的内容，对不明白之处做好记录，以便在答疑会上予以澄清。

5. 调查投标环境，参加现场踏勘（如果招标人组织），并对有关疑问提出询问

投标环境是指中标后工程施工的自然、经济和社会环境。调查投标环境时，要着重了解施工现场的地理位置，现场地质条件，交通情况，现场临时供电、供水、通信设施情况，当地劳动力资源和材料资源、地方材料价格等，以便正确地确定投标策略。

6. 确定投标策略

确定投标策略目的在于探索如何达到中标的最大可能性，并用最小的代价获得最大的经济效益。

7. 编制施工计划，制订施工方案

编制投标文件的核心工作是计算标价，而标价计算又与施工方案和施工计划密切相关。所以，在编制标价前必须核定工程量和制订施工方案。

8. 编制投标文件

投标文件一定要对招标文件的要求和条件进行实质性响应。

9. 报送标函与参加开标

标函在投标单位法人代表盖章并密封后，在规定的期限内报送招标单位，并在规定的时间、地点参加开标。

如果投标中标，接到中标通知后，在规定的时间内积极和招标单位洽谈有关合同条款，合同条款达成协议后，即签订合同，中标单位持合同向建设部门办理报建手续，领取开工执照。未中标单位，则应积极总结经验。

二、工程投标报价的编制

投标报价由直接费、间接费、利润和税金组成。计算标价前,应充分熟悉招标文件和施工图纸。同时,应了解和掌握工程现场情况,并对招标单位提供的工程量清单进行审核。工程量确定后,即可进行标价的计算。

(一) 投标报价的编制原则和依据

1. 投标报价应遵循的原则

投标报价的编制过程应遵循以下原则:

①投标报价应由投标人或受其委托具有相应资质的工程造价咨询人员编制。

②投标人应依据《建设工程工程量清单计价规范》(GB50500-2013)的强制性规定自主确定投标报价。

③投标报价不得低于工程成本。

④投标人必须按招标工程量清单填报价格。项目编码、项目名称、项目特征、计量单位、工程量必须与招标工程量清单一致。

⑤投标人的投标报价高于招标控制价的应予废标。

2. 投标报价的编制依据

①《建设工程工程量清单计价规范》(GB50500-2013)。

②国家或省级、行业建设主管部门颁发的计价办法。

③国家或省级、行业建设主管部门颁发的计价定额。

④招标文件、工程量清单。

⑤建设工程设计文件及相关资料。

⑥施工现场情况、工程特点及拟定的投标施工组织设计或施工方案。

⑦与报价计算有关的政策、法规。

⑧地方现行的材料价格。

⑨其他的相关资料,如企业的技术力量、管理水平等。

(二) 投标报价的编制方法

现阶段,我国规定的编制投标报价的方法主要有两种:一种是工程量清单计价法,另一种是综合单价法。

从建设项目的组成与分解来说,工程造价计价的顺序是:分部分项工程造价→单位工程造价→单项工程造价→建设项目总造价。

工程计价的原理就在于项目的分解和组合,影响工程造价的因素主要有两个,即单位价格和实物工程数量,可以用下列计算式表达:

$$建筑安装工程造价 = \sum [单位工程基本构造要素工程量(分项工程) \times 单位价格] \quad (5-1)$$

工程量是指根据工程建设定额或工程量清单计价规范的项目划分和工程量计算规

则、以适当计量单位进行计算的分项工程的实物量。工程量是计价的基础,不同的计价方式有不同的计算规则。目前,工程量计算规则包括两大类。

①各类工程建设定额规定的计算规则。

②国家标准《建设工程工程量清单计价规范》各专业工程工程量计算规范中规定的计算规则。

单位价格是指与分项工程相对应的单价。工料单价法是指定额单价,即包括人工费、材料费、施工机具使用费在内的工料单价;清单计价是指除包括人工费、材料费、施工机具使用费外,还包括企业管理费、利润和风险因素在内的综合单价。

1. 工程量清单计价法

工程量清单计价投标报价的编制内容主要如下:

①分部分项工程费。根据计算出的综合单价,可编制分部分项工程量清单与计价分析表,如表5-5所示。

表5-5 分部分项工程量清单与计价表

工程名称: 某住宅工程 标段: 第 页 共 页

序号	项目编码	项目名称	项目特征描述	计量单位	工程量	金额/元		
						综合单价	合价	其中:暂估价
			……					
			A.4混凝土及钢筋混凝土工程					
6	010403001001	基础梁	C30混凝土基础梁,梁底标高-1.55m,梁截面300mm×600mm,250mm×500mm	m	208	356.14	74077	
7	010416001001	现浇混凝土钢筋	螺纹钢Q235,14	t	98	5857.16	574002	490000
			……					
			分部小计				2532419	490000
			合计				3758977	1000000

②措施项目费。措施项目内容为:依据招标文件中措施项目清单所列内容;措施项目清单费的计价方式:可精确计量的宜采用综合单价方式计价,其余的采用以"项"为计量单位的方式计价。措施项目清单与计价表见表5-6和表5-7。

表 5-6 措施项目清单与计价表（一）

工程名称：　　　　标段：　　　　　　　　　　第　页　共　页

序号	项目编码	项目名称	项目特征描述	计量单位	工程量	金额/元	
						综合单价	合价
本业小计							
合计							

表 5-7 措施项目清单与计价表（二）

工程名称：　　　　标段：　　　　　　　　　　第　页　共　页

序号	项目名称	计算基础	费率/%	金额/元
1	安全文明施工费			
2	夜间施工费			
3	二次搬运费			
4	冬雨季施工			
5	大型机械设备进出场及安拆费			
6	施工排水			
7	施工降水			
8	地上、地下设施，建筑物的临时保护设施			
9	已完工程及设备保护			
10	各专业工程的措施项目			
合计				

③其他项目清单费。其他项目清单与计价汇总表见表 5-8，其中明细参见表 5-9～表 5-13。

表 5-8 其他项目清单与计价汇总表

工程名称：　　　　标段：　　　　　　　　　　第　页　共　页

序号	项目名称	计量单位	金额/元	备注
1	暂列金额			
2	暂估价			
2.1	材料暂估价			
2.2	专业工程暂估价			
3	计日工			
4	总承包服务费			
5				
合计				

表5-9 暂列金额明细表

工程名称：　　　　　标段：　　　　　　　　　　　　第　页　共　页

序号	项目名称	计量单位	暂定金额/元	备注
1				
2				
3				
合计				—

表5-10 材料暂估单价表

工程名称：　　　　　标段：　　　　　　　　　　　　第　页　共　页

序号	材料名称、规格、型号	计量单位	单价/元	备注

表5-11 专业工程暂估价表

工程名称：　　　　　标段：　　　　　　　　　　　　第　页　共　页

序号	工程名称	工程内容	金额/元	备注
合计				

表5-12 计日工表

工程名称：　　　　　标段：　　　　　　　　　　　　第　页　共　页

编号	项目名称	单位	暂定数量	综合单价/元	合价/元
一	人工				
1					
2					
人工小计					
二	材料				
1					
2					
材料小计					

续表

编号	项目名称	单位	暂定数量	综合单价/元	合价/元
三	施工机械				
1					
2					
	施工机械小计				
	总计				

表 5-13　总承包服务费计价表

工程名称：　　　　　标段：　　　　　　　　　　　第　页　共　页

序号	项目名称	项目价值/元	服务内容	费率/%	金额/元
1	发包人发包专业工程				
2	发包人供应材料				
	合计				

④规费和税金。规费税金项目清单与计价表如表 5-14 所示。

表 5-14　规费税金项目清单与计价表

工程名称：　　　　　标段：　　　　　　　　　　　第　页　共　页

序号	项目名称	计算基础	费率/%	金额/元
1	规费			
1.1	工程排污费			
1.2	社会保障费			
(1)	养老保险费			
(2)	失业保险费			
(3)	医疗保险费			
	住房公积金			
1.4	危险作业意外伤害保险			
1.5	工程定额测定费			
2	税金	分部分项工程费+措施项目费+其他项目费+规费		

2. 综合单价法

综合单价法编制投标报价的步骤如下：

①首先根据企业定额或参照预算定额及市场材料价格确定各分部分项工程量清单的综合单价，该单价包括完成清单所列分部分项工程的成本、利润和一定的风险费。

②以给定的各分部分项工程的工程量及综合单价确定工程费。

③结合投标企业自身的情况及工程的规模、质量、工期要求等确定工程有关的费

用。综合单价分析表的编制如表5-15所示。

表5-15 综合单价分析表

工程名称：某住宅工程　　标段：　　第 页 共 页

项目编码	010416001001	项目名称	现浇构件钢筋	计量单位	t

清单综合单价组成明细									
定额编号	定额名称	定额单位	数量	单价/元				合价/元			
				人工费	材料费	施工机具使用费	管理费和利润	人工费	材料费	施工机具使用费	管理费和利润
AD0899	现浇螺纹钢筋制安	t	1.000	294.75	5397.70	62.42	102.29	294.75	5397.70	62.42	102.29
人工单价			小计				294.75	5397.70	62.42	102.29
38元/工日			未计价材料费								
清单项目综合单价								5857.16			

材料费明细	主要材料名称、规格、型号	单位	数量	单价/元	合价/元	暂估单价/元	暂估合价/元
	螺纹钢Q235，14	t	1.07			5000.00	5350.00
	焊条	kg	8.64	4.00	34.56		
	其他材料费				13.14		
	材料费小计				47.70		5350.00

投标报价的编制主要是投标单位对承建招标工程所要发生的各种费用的计算。目前，我国建设工程大多采用工程量清单招投标，因此，投标报价的编制以工程量清单计价方式为主。从计价方法上讲，工程量清单计价方式下投标报价的编制方法与以工程量清单计价法编制招标控制价的方法相似，都是采用综合单价计价的方法。

但是，投标报价的编制与招标控制价的编制也有不同，工程招标控制价反映各个施工企业的平均生产力水平，而工程投标方要使自己的报价具有竞争性，必须要反映出投标企业自身的生产力水平，企业要采取先进的生产技术措施，提高生产效率，降低成本，降低消耗。因此，在根据各工程内容的计价工程量计算各工程内容的工程单价及计算完成其中一项工程内容所耗人工费、材料费、机械使用费时，企业是参照自己的企业消耗量定额来确定的，以此体现企业自身的施工特点，使投标报价具有个性。

依据上述方法确定的施工投标报价是理论数值，在最后确定报价的决策阶段，投标方须对此理论值配以相应的报价策略，最终得到合理的投标报价方案。此时，工程投标人应在投标报价理论数值的计算结果的基础上，根据工程实际情况及竞争对手情况进行调整。

(三) 影响投标报价的因素

1. 对招标文件的研究程度

研究招标文件是为了正确理解招标文件和业主的意图，使投标文件对招标文件的要求进行实质性响应。如投标单位对装饰工程的特殊要求，质量不易控制的方面等要认真细致地分析研究，以便较好地满足招标单位的要求，正确报价。并保证投标报价的有效性，力求中标。

2. 对工程现场情况的调查

投标者在报价前必须全方位地对工程现场情况进行调查，以便了解工地及其周围的政治、经济、地质、气候、法律等方面的情况，这些内容在招标文件中是不可能全部包括的，而它们对报价的结果都有着至关重要的影响。

3. 对竞争对手情况的了解

包括竞争对手的信誉、经营能力、技术水平、设备能力及经常采用的投标策略等，对这些内容了解的详细程度，会对报价的结果有直接的影响。

4. 主观因素

工程报价除了考虑招标工程本身的要求、招标文件的有关规定、工程现场情况及竞争对手情况等因素外，还要考虑主观因素的影响，如投标人的自身实力、工程造价人员的业务水平及综合素质、各项业务及管理水平、自己制订的工程实施计划、以往对类似工程的经验等，它们都是影响工程造价的重要因素。

三、用决策树法确定投标项目

施工企业在投标过程中，不可能也没有必要对每一个招标项目花大量的精力准备投标，一般选择部分有把握的项目精心准备投标，确保投标项目的中标率。在选择投标项目时，可采用决策树的方法进行筛选，选择中标概率较大的项目进行投标。用决策树法确定投标项目的步骤如下：

①列出准备投标的项目，分析各投标项目的投标策略，绘制出决策树。

②从右到左计算各机会点上的期望值。

③在同一时间点上，对所有投标项目的各投标策略方案进行比较，选择期望值最大的方案作为重点投标项目的最佳投标策略方案。

四、工程投标报价的策略

投标报价策略指承包商在投标竞争中的系统工作部署及其参与投标竞争的方式和手段。投标报价策略可分为基本策略和报价技巧两个层面。投标报价基本策略主要是指投标单位应根据招标项目的不同特点，并考虑自身的优势和劣势，选择不同的报价（如选择报高价的情形或选择报低价的情形）。报价技巧是指投标中具体采用的对策和方法。常用的报价技巧有不平衡报价法、多方案报价法、无利润报价法和突然降价法等。此外，对于计日工单价、暂定金额、可供选择的项目等也有相应的报价技巧。

投标人的决策活动贯穿于投标全过程，是工程竞标的关键。投标的实质是竞争，竞争的焦点是技术、质量、价格、管理、经验和信誉等综合实力。因此必须随时掌握竞争对手的情况和招标业主的意图，及时制定正确的策略，争取主动。投标策略主要有投标目标策略、技术方案策略、投标方式策略、经济效益策略等。

作为投标人来讲，并不是每标必投，因为投标人要想在投标中获胜，既要中标得到承包工程，又要从承包工程中盈利，就需要研究投标决策的问题。所谓投标决策包括三方面的内容：①针对项目招标是投标，或是不投标；②倘若去投标，是投什么性质的标；③投标中如何采用以长制短，以优胜劣的策略和技巧。投标决策的正确与否，关系到能否中标和中标后的效益，关系到施工企业的发展前景和职工的经济利益。

（一）不平衡报价法

不平衡报价法是指一个工程项目总报价基本确定后，通过调整内部各个项目的报价，以期既不提高总报价、不影响中标，又能在结算时得到更理想的经济效益。实际工作中可以在以下几方面考虑采用不平衡报价法。

①单价在合理范围内可提高的子项目有：能够早日结算的项目，如开办费、营地设施、土方、基础工程等；通过现场勘察或设计不合理、清单项目错误，预计今后实际工程量大于清单工程量的项目；支付条件良好的政府项目或银行项目。

②单价在合理范围内可以降低的子项目有：后期的工程项目，如粉刷、外墙装饰、电气、零散清理和附属工程等；预计今后实际工程量小于清单工程量的项目。

③图纸不明确或有错误，估计今后会有修改的；或工程内容说明不清楚，价格可降低，待澄清后可再要求提高价格。

④计日工资和零星施工机械台班小时单价报价时，可稍高于工程单价中的相应单价。因为这些单价不包括在投标价格中，发生时按实计算，利润增加。

⑤无工程量而只报单价的项目，如土木工程中挖湿土或岩石等备用单价，单价宜高些。这样不影响投标总价，而一旦项目实施就可得利润。

⑥对于暂定工程或暂定数额的报价，要具体分析，如果估计今后肯定要做的工程，价格可定得高一些，反之价格可低一些。

⑦如项目业主要求投标报价一次报定不予调整时，则宜适度抬高标价，因为其中风险难以预料。

（二）多方案报价法

多方案报价法是指在投标文件中报两个价，一个是按招标文件的条件报一个价；另一个是加注解的报价，即：如果某条款作某些改动，报价可降低多少。这样，可降低总报价，吸引招标人。

多方案报价法适用于招标文件中的工程范围不很明确，条款不很清楚或很不公正，或技术规范要求过于苛刻的工程。采用多方案报价法可降低投标风险，但投标工作量较大。

（三）突然降价法

突然降价法是指先按一般情况报价或表现出自己对该工程兴趣不大，等快到投标截止时，再突然降价。采用突然降价法，可以迷惑对手，提高中标概率。但对投标单位的分析判断和决策能力要求很高，要求投标单位能全面掌握和分析信息，做出正确判断。

（四）增加建议方案法

有时招标文件中规定，可以提一个建议方案，即是可以修改原设计方案，提出投标者的方案。投标者这时应抓住机会，组织一批有经验的设计和施工工程师，对原招标文件的设计和施工方案仔细研究，提出更为合理的方案以吸引业主，促成自己的方案中标。建议方案不要写得太具体，要保留方案的技术关键，防止业主将此方案交给其他承包商。同时要强调的是，建议方案一定要比较成熟，有很好的可操作性。

（五）分包商报价的采用

总承包商在投标前找2~3家分包商分别报价，而后选择其中一家信誉较好、实力较强和报价合理的分包商签订协议，同意该分包商作为本分包工程的唯一合作者，并将分包商的姓名列到投标文件中，但要求该分包商相应地提交投标保函。如果该分包商认为这家总承包商确实有可能中标，他也许愿意接受这一条件。这种把分包商的利益同投标人捆在一起的做法，不但可以防止分包商事后反悔和涨价，还可能迫使分包时报出较合理的价格，以便共同争取中标。

（六）低投标价夺标法

此种方法是非常情况下采取的非常手段，如企业大量窝工，为减少亏损；或为打入某一建筑市场；或为挤走竞争对手保住自己的地盘，于是制定了严重亏损标，力争夺标。若企业无经济实力，信誉不佳，此法也不一定奏效。

（七）计日工单价的报价

如果是单纯报计日工单价，而且不计入总价中，则可以报高些，以便在业主额外用工或使用施工机械时可多盈利。但如果计日工单价要计入总报价时，则需具体分析是否报高价，以免抬高总报价。总之，要分析业主在开工后可能使用的计日工数量，再来确定报价方针。

（八）可供选择的项目的报价

有些工程项目的分项工程，业主可能要求按某一方案报价，而后再提供几种可供选择方案的比较报价，例如某住房工程的地面水磨石砖，工程量表中要求按25cm×

25cm×2cm的规格报价。另外,还要求投标人用更小规格砖20cm×20cm×2cm和更大规格砖30cm×30cm×3cm作为可供选择的项目报价。投标时除对几种水磨石地面砖调查询价外,还应对当地习惯用砖情况进行调查。对于将来有可能使用的地面砖铺砌应适当提高其报价;对于当地难以供货的某些规格的地面砖,可将价格有意抬高的更多一些,以阻挠业主选用。但是,所谓"供选择项目"并非由承包商任意选择,而是业主才有权选择。因此我们虽然提高了可供选择项目的报价,并不意味着肯定取得较好的利润;只是提供了一种可能性;一旦业主今后选用,承包商即可得到额外加价的利益。

第四节 工程合同价款的确定

一、合同类型

建设工程施工合同即建筑安装工程承包合同,是发包人与承包人之间为完成商定的建设工程项目,确定双方权利和义务的协议。在施工合同中,建设单位是发包人,施工单位是承包人。

按照合同价款的付款方式,可将施工合同划分为总价合同、单价合同、成本加酬金合同。

(一) 总价合同

总价合同指的是在承包合同中给出向承包人支付的具体工程款项,也就是总价。总价是由合同双方根据设计图纸和工程说明书进行协商约定的。选择此类合同可以使建设单位更加容易确定报价最低的承包商,也便于计算需支付的工程款项。通常分为如下两种合同。

1. 固定总价合同

此类合同是建设工程施工经常使用的一种合同形式,总价被承包商接受以后一笔包死,一般不得变动。

适用条件:

①设计深度已达到施工图设计要求,工程设计图纸完整、齐全。

②规模较小,技术不太复杂的中小型工程。

③合同工期较短(一般不超过1年)。

2. 可调总价合同

根据施工图纸和具体规定,采用时价计算工程项目的暂定合同价格。在履行合同过程中,由于不可预料的外部因素造成工料成本上升,此时可依据合同来调整合同总价。

适用条件:

设计图纸和工程内容很明确的项目,由于合同中列有调值条款,因此工期在1年以上的工程项目较适于采用这种合同计价方式。

(二) 单价合同

单价合同是承包人在投标时,按招投标文件就分部分项工程所列出的工程量表确定各分部分项工程费用的合同类型。

1. 固定单价合同

经常采用的合同形式,特别是在设计或其他建设条件还不太落实的情况下,而以后又需增加工程内容或工程量时,可以按单价适当追加合同内容。

适用条件:

①没有施工图,工程量不明确却亟须开工的紧迫工程。

②虽有施工图,但由于某些原因(新工艺等)不能比较准确地计算工程量等。

2. 可调单价合同

合同单价可调,一般在工程招标文件中规定。在合同中签订的单价,根据合同约定的条款,如在工程实施过程中物价发生变化等,可做调整。

(三) 成本加酬金合同

由业主向承包单位支付工程项目的实际成本,并按事先约定的某一种方式支付酬金的合同类型。

二、订立施工合同应遵守的原则

(一) 合法的原则

订立施工合同必须遵守国家法律、行政法规,也要遵守国家的建设计划和强制性的管理规定。只有遵守法律法规,施工合同才受国家法律的保护,合同当事人预期的经济利益目标才有保障。

(二) 平等、自愿的原则

合同的当事人都是具有独立地位的法人,他们之间的地位平等,只有在充分协商取得一致的前提下,合同才有可能成立并生效。施工合同当事人一方不得将自己的意志强加给另一方,当事人依法享有自愿订立施工合同的权利,任何单位和个人不得非法干预。

(三) 公平、诚实信用的原则

发包人与承包人的合同权利、义务要对等而不能显失公平。施工合同是双方合同,双方都享有合同权利,同时承担相应的义务。在订立施工合同中,要求当事人要诚实、实事求是地向对方介绍自己订立合同的条件、要求和履约能力,充分表达自己的真实意愿,不得有隐瞒、欺诈的成分。

三、合同类型的选择

在工程承包中，采用哪种合同方式，应根据建设工程的特点，业主对建设工程的设想，对工程费用、工期和质量的要求等，综合考虑后才能进行确定。

（一）依据工程项目的复杂程度选择

对于规模较大且技术复杂的工程项目，其具有较大的承包风险，较难估算其具体的投资费用，故不能选择固定总价合同。对于估算准确性较大的项目可选择固定总价合同，其他部分则选择单价合同或成本加酬金合同。

（二）依据工程项目的设计深度选择

在选择合同类型时，应考虑工程项目的设计深度。若已完项目具备清晰而完备的施工图设计图纸和工程量清单，应选择总价合同；若已完工程量与预计工程量相差较大时，应选择单价合同；若仅完成了工程项目的初步设计，且工程量清单描述的工程项目较为模糊时，应选择单价合同或成本加酬金合同。

（三）依据施工技术的先进程度选择

若在工程建设中运用了大量的新技术、新工艺，建设单位和承包人都不熟悉相关的施工技术，也没有相关的国家标准，此种情况下，为了避免投标方过度提高承包价，不应选择固定总价合同，而应选择成本加酬金合同。

（四）依据施工工期的紧迫程度选择

对于某些紧急工程，如灾后重建、恢复工程，对开工期限要求较高，亟须尽快开工且工期较紧张。另外，仅提出了实施方案，没有具体施工图纸，故承包人不能给出合理报价，应选择成本加酬金合同。

对于同一工程项目的不同工程部分或不同施工阶段，能够选择不同的合同类型。在招投标阶段，应根据工程项目的具体情况，全面分析利弊，最终得到合适的合同类型。

四、合同价款约定的内容

合同价款的有关事项由发承包双方约定，一般包括合同价款约定方式，预付工程款、工程进度款、工程竣工价款的支付和结算方式，以及合同价款的调整情形等。发承包双方应当在合同中约定，发生下列情形时合同价款应进行调整。

①法律、法规、规章或者国家有关政策变化影响合同价款的。
②工程造价管理机构发布价格调整信息的。
③经批准变更设计的。
④发包人更改经审定批准的施工组织设计造成费用增加的。
⑤双方约定的其他因素。

五、无效施工合同的认定

无效施工合同是指虽由发包人与承包人订立,但因违反法律规定而没有法律约束力,国家不予承认和保护,甚至要对违法当事人进行制裁的施工合同。具体而言,施工合同属下列情况之一的,合同无效。

①没有从事建筑经营资格而签订的合同。

②超越资质等级所订立的合同。

③违反国家、部门或地方基本建设计划的合同。

④未依法取得土地使用权而签订的合同。

⑤未取得《建设用地规划许可证》而签订的合同。

⑥未取得或违反《建设工程规划许可证》进行建设、严重影响城市规划的合同。

⑦应当办理而未办理招标投标手续所订立的合同。

⑧非法转包的合同。

⑨违法分包的合同。

⑩采取欺诈、胁迫的手段所签订的合同。

损害国家利益和社会公共利益的合同。

无效的施工合同自订立时起就没有法律约束力。合同无效后,因该合同取得的财产,应当予以返还;不能返还或者没有必要返还的,应当折价补偿。有过错的一方应当赔偿对方由此所受到的损失,双方都有过错的,应当各自承担相应的责任。

第六章 项目施工阶段造价控制

第一节 概 述

施工阶段的工程造价控制一般是指在建设项目已完成施工图设计,并完成招标阶段工作和签订工程承包合同以后的投资控制的工作。进行施工阶段投资控制的基本原理为,确定计划投资额并将其作为投资控制的目标值,在施工过程中定期比较实际投资额与计划投资额,从而得到两者的偏差,进一步分析造成该偏差的原因,通过一定措施减少该偏差,最终完成投资控制。

一、施工阶段影响工程造价的因素

在施工阶段影响造价的基本要素有三个方面:一是资源投入(工程造价自身)要素,二是工期要素,三是质量要素。在工程建设的过程中,这三个方面的要素相互影响、相互转化。工期与质量的变化在一定条件下可以影响和转化为造价的变化,造价的变动同样会直接影响和转化成质量与工期的变化。

建设项目的资源投入、工期和质量三大要素是相互影响和相互依存的,它们对于项目工程造价的影响主要表现在以下几个方面。

(一) 资源投入要素对工程造价的影响

资源投入要素受两个方面的影响,其一是在项目建设全过程中各项活动消耗和占用的资源数量变化的影响,如设计使用的管线直径、管线长度、施工中对标准规格材料进行断料的损耗等;其二是各项活动消耗与占用资源的价格变化的影响,如材料、人工等价格上涨。

(二) 工期要素对工程造价的影响

工期是指项目或项目的某个阶段、某项具体活动所需要的,或者实际花费的工作时间周期。在一个项目的全过程中,实现活动所消耗或占用的资源就是项目的造价,这些造价不断地沉淀下来、累积起来，最终形成了项目的全部造价，因此工程造价是时间的函数，造价是随着工期的变化而变化的。

（三）质量要素对工程造价的影响

质量是指项目交付后能够满足使用需求的功能特性与指标。项目质量检验与保障造价是为保障项目的质量而发生的造价；项目质量失败补救造价是由质量保障工作失败后为达到质量要求而采取各种质量补救措施（返工、修补）所发生的造价。另外项目质量失败的补救措施的实施还会造成工期延迟，引发工期要素对工程造价的影响。

二、资金使用计划的编制

在施工阶段，编制资金使用计划的目的在于控制施工阶段的实际投资，确定合理的计划投资额作为目标值，也就是说，在工程概算或预算的基础上确定计划投资的总目标值、分目标值以及细目标值。

（一）按项目分解编制资金使用计划

根据建设项目的组成，首先将总投资分解到各单项工程，再分解到单位工程，最后分解到分部分项工程，分部分项工程的支出预算既包括材料费、人工费、机械费，也包括承包企业的间接费、利润等，是分部分项工程的综合单价与工程量的乘积。资金使用计划见表6-1。

表6-1 按项目分解的资金使用计划

编码	工程内容	单位	工程数量	综合单价	合价	备注

编制资金使用计划时，既要在项目总的方面考虑总预备费，也要在主要的工程分项中安排适当的不可预见费。所核实的工程量与招标时的工程量估算值有较大出入时，应予以调整并作"预计超出子项"注明。

（二）按建设项目投资构成分解的资金使用计划

工程项目的投资主要分为建筑安装工程投资、设备工器具购置投资及工程建设其他投资。实现投资构成分解及相应的资金使用计划主要是代表业主的项目管理公司来完成。如图6-1所示为按投资构成分解目标。

图6-1中建筑工程投资、安装工程投资、设备及工器具购置投资等可以进一步分解。按投资构成分解的方法比较适合于有大量经验数据的工程项目。

第六章 项目施工阶段造价控制

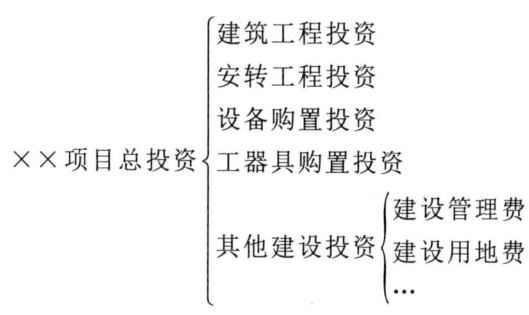

图 6-1 按投资构成分解目标

(三) 按时间进度编制资金使用计划

对于建设项目的投资都是分阶段、分期投入的，资金的合理分配受资金时间安排的影响。按时间进度编制资金使用计划，有助于制定合理的资金筹措计划，还能够有效控制资金占用和利息支付。

通过对施工对象的分析和施工现场的考察，结合当代施工技术特点制定出科学合理的施工进度计划，在此基础上编制按时间进度划分的投资支出预算。其步骤如下：

①编制施工进度计划。

②根据单位时间内完成的工程量计算出这一时间内的预算支出，在时标网络图上按时间编制投资支出计划。

③计算工期内各时点的预算支出累计额，绘制时间投资累计曲线（S形曲线）。时间投资累计曲线如图6-2所示。

根据施工进度计划的最早可能开始时间和最迟必须开始时间来绘制，则可得两条时间投资累计曲线，俗称"香蕉"形曲线（图6-3）。通常来说，在最迟必须开始时间进行施工，能够有效地减少建设资金贷款利息，但也很可能使项目竣工时间推迟，因此监理工程师在制订投资预算时，应确保既能减少实际投资额，又能缩短项目工期。

在实际操作中可同时绘出计划进度预算支出累计线、实际进度预算支出累计线和实际进度实际支出累计线，并进行比较，了解施工过程中费用的节约或超支情况。

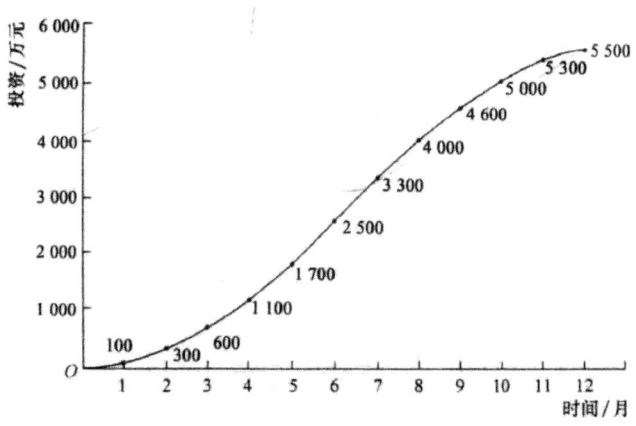

图 6-2 时间投资累计曲线（S形曲线）

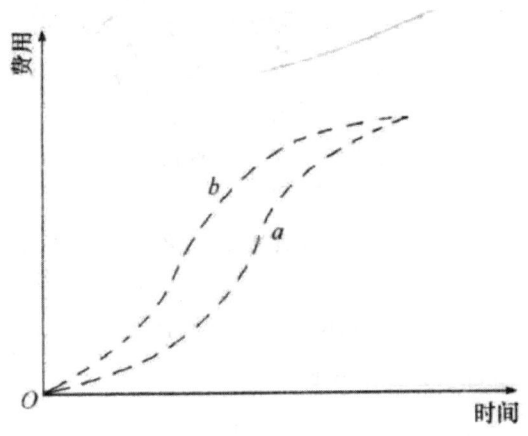

图 6-3 投资计划值的香蕉图
a-所有工作按最迟开始时间开始的曲线；b-所有工作按最早开始时间开始的曲线

第二节 工程变更和合同价款的调整

一、工程变更的概念

制定建设工程合同是在了解合同签订阶段静态的承发包范围、设计标准和施工条件的基础上进行的，但是工程建设项目在建设过程中会受到自然条件、客观因素以及不可预料的因素的影响，这会使项目的实际状况与招投标阶段的状况有所不同，从而影响工程合同制定阶段的静态前提。工程建设项目的实施过程中，涉及的工程变更包括设计图纸的修改，招标工程量清单存在错、漏的情况，施工工艺、顺序和期限的更改，为完成合同工程需要追加的工作等。因此，工程建设项目的实际状况与招投标阶段或合同签订阶段的状况有一定的变化，具体体现在设计、工程量、计划进度、使用材料等方面，这些变化即为工程变更。

凡是在以上各方面做出与设计图纸及技术说明不符的改变都要按规定的程序履行相应的手续并做好记录以备查阅。

二、工程变更的分类

若根据工程变更的起因对其进行分类，则会包含许多不同的工程变更，如工程环境变化；由于设计错误，对设计图纸进行修改；由于相关技术的更新，需要调整工程计划；发包人对工程项目的要求出现变化；相关法律法规对工程项目的规范有所调整等。上述对工程变更产生的原因，相互之间并不是独立的，不能进行严格区分。

工程变更按变更的内容划分，一般可分为工程量变更、工程项目的变更（如发包人提出增加或者删减原项目内容）、进度计划的变更、施工条件的变更等。在实际工程中，上述某种变更会引起另一种或几种变更，如工程项目的变更会引起工程量的变更甚至进度计划的变更。通常情况下，将工程变更分为如下两类。

（一）设计变更

若在施工阶段出现设计变更，会对施工进度造成很大影响。因此，应尽可能地控制施工阶段的设计变更，若无法避免，则必须根据国家的有关规定和签订的合同进行设计变更。

如变更超过原批准的建设规模或设计标准的，须经原审批部门审查批准，并由原设计单位提供变更的相应图纸和说明。发包人办妥上述事项后，通过监理人向承包人发出变更指示，承包人根据变更指示要求进行变更，由此造成合同价款的支出增加，使承包人遭受损失。发包人应承担其损失，并且允许工期顺延。

（二）其他变更

除设计变更外，其他能够导致合同内容变更的则为其他变更。如双方对工程质量要求的变化、双方对工期要求的变化、施工条件和环境的变化导致施工机械和材料的变化等，上述变更均由双方协商解决。

三、工程变更控制的要求

在施工阶段工程造价的控制中，应加强对工程变更的控制，具体要求如下：
（1）对工程中出现的必要变更应及时更改

如果出现了必须变更的情况，应当尽快变更。变更早，损失小。
（2）对发出的变更指令应及时落实

发出工程变更的指令后，应尽快落实指令，修改涉及的文件。承包人应予以配合，抓紧落实变更指令，若承包人未全面落实相关指令，需由承包人承担造成的损失。
（3）对工程变更的影响应当进行深入分析

对变更大的项目应坚持先算后变的原则。即不得突破标准，造价不得超过批准的限额。

工程变更会增加或减少工程量，引起工程价格的变化，影响工期，甚至质量，造成不必要的损失，因而要进行多方面严格控制，控制时可遵循以下原则：①不随意提高建设标准；②不扩大建设范围；③加强建设项目管理，避免对施工计划的干扰；④制定工程变更的相关制度；⑤明确合同责任；⑥建立严格的变更程序。

四、工程变更的处理

（一）《建设工程施工合同（示范文本）》条件下的工程变更处理

工程变更可由发包人和监理人提出。变更指示必须由监理人发出，且监理人在得到发包人同意后才能发出指示。承包人实施工程变更，应在接收到发包人签认的变更指示后进行。承包人不能擅自变更工程项目。对于设计变更，需要由设计人员提供变更后的图纸及其说明。若变更之后的设计标准超出了之前的标准，则需要发包人及时办理规划、设计变更等审批手续。

1. 工程变更的程序

工程变更程序一般由合同规定。另外合同相关各方还会基于合同规定程序制定变更管理程序，对合同规定程序进行延伸和细化，对于建设单位而言一个好的变更管理程序必须要保证变更的必要性、可控性和责权明确性，实现变更决策科学、费用计取清晰和变更执行有效。

工程变更的控制程序如图6-4所示。

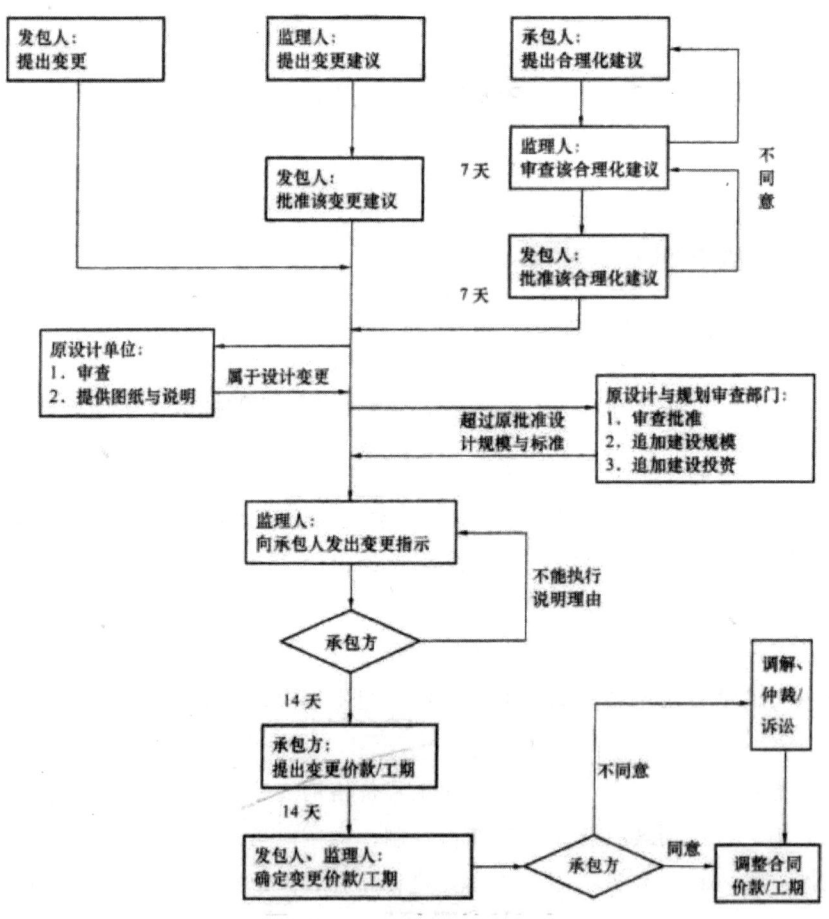

图6-4 工程变更控制程序

2. 工程变更后合同价款确定的程序

《建设工程施工合同（示范文本）》中规定工程变更后估价程序如下：承包人接收到变更指示后，应在14天内向监理人提交变更估价申请。在监理人接收到估价申请后，应在7天内完成审查并发送给发包人，若监理人对该申请有建议时，应由承包人进行修改再重新提交申请。发包人接收到承包人的申请后，应在14天内完成审批。若发包人未在该期限内完成审批或没有提出建议,则认为发包人同意承包人的申请。

因变更引起的价格调整应计入最近一期的进度款中支付。

3.建设工程工程量清单计价规范中工程变更后的计价

《建设工程工程量清单计价规范》(GB50500-2013)的工程量清单计价规定为:承包人应严格按照发包人的设计图纸进行施工,若在施工阶段发现设计图纸与工程量清单中的某一项目不符,并且该差异会使工程造价发生变动,则应按照实际工程阶段的项目特征,根据工程量清单计价规范中的有关规定重新制定工程量清单中的综合单价,并对合同价款进行调整。该规范中有关合同价款的确定方法为:

①由工程变更造成已标价工程量清单项目或其工程数量有所改变,则应根据如下规定调整合同价款:

经工程变更的项目能在工程量清单中找到相同或类似的项目,则使用该项目的单价;若工程变更改变了项目的工程数量,增加超过15%的工程量时,应适当降低增加工程量的综合单价;减少超过15%的工程量时,应适当提高减少工程量的综合单价。

已标价工程量清单中没有适用但有类似于变更工程项目的,可在合理范围内参照类似项目的单价。

已标价工程量清单中没有适用也没有类似于变更工程项目的,承包人应按照工程变更资料、计量办法、有关部分规定的信息价格以及承包人的报价浮动率来提出工程变更项目的单价,经由发包人确认后进行调整。采用以下公式计算承包人报价浮动率:

招标工程:

$$承包人报价浮动率 L=(1-中标价/招标控制价)\times 100\% \qquad (6-1)$$

非招标工程:

$$承包人报价浮动率 L=(1-报价/施工图预算)\times 100\% \qquad (6-2)$$

已标价工程量清单中没有适用也没有类似于变更工程项目的,而且有关部门并未发布相关信息价格的情况下,承包人应根据工程变更资料、计价办法以及通过市场调查等获得市场价格来提出工程变更项目的单价,经由发包人确认后进行调整。

②由于工程变更造成施工方案以及措施项目出现变化,承包人应及时提出调整措施项目费的申请,向发包人提出拟实施方案,同时说明与原方案相比的具体调整。经由发承包双方确认,才能进行拟实施方案,调整措施项目费时应注意如下规定:

安全文明施工费应根据实际发生变化的措施项目按国家或省级、行业建设主管部门的规定计算。

采用单价计算的措施项目费,应按照实际发生变化的措施项目,按上条所述的规定确定单价。

根据总价计算的措施项目费,也应按照实际发生变化的措施项目进行调整,除此之外,还应根据承包人报价浮动率进行计算。

若承包人没有向发包人提出拟实施方案,即认为工程变更并未造成措施项目费调整或者承包人放弃此项权利。

③若并非承包人造成的,仅仅由发包人提出的工程变更,对合同中的某项工作进行了删减,由此造成承包人多支付费用或(和)减少收益。此种情况下,承包人应向发包人提出进行相应补偿。

4. 变更引起的工期调整

《建设工程施工合同(示范文本)》的通用合同条款中规定:因变更引起工期变化的,合同当事人均可要求调整合同工期,由合同当事人按合同中"商定或确定"条款规定处理,并参考工程所在地的工期定额标准确定增减工期天数。

(二) FIDIC合同条件下的工程变更

FIDIC合同条件规定,工程师认为有必要对工程项目的质量或数量等提出变更指令,那么就需要对其进行变更;另外,若工程师没有发布指令,那么承包商不能进行任何工程变更(工程量表上规定的增加或减少工程量除外)。

1. FIDIC合同条件下工程变更的范围

合同履行阶段的工程变更是正常的工程管理工作,因此,工程师能够根据工程的实际情况发布变更指令,一般包括如下几个方面:

①改变合同中涉及的工作工程量。招标阶段制定的工程量清单中的工程量是根据招标图纸的量值确定的,承包人依据该工程量编制投标文件中的施工组织及报价,因此,在具体工程实施过程中实际工程量会与计划值有一定差距。

②任何工作质量或其他特性的变更。

③工程任何部分标高、位置和尺寸的改变。

④删减任何合同约定的工作内容。

⑤改变原定的施工顺序或时间安排。

⑥新增工程。增加与合同规定的工作范围性质一致的工作内容,并且不能通过变更指令向承包人提出扩大施工设备范围的要求。

2. FIDIC合同条件下工程变更的程序

在颁发工程接收证书之前,工程师都可以提出工程变更,主要通过发布工程变更指令或要求承包人提交建议书等方式进行,其主要程序为:

①提出工程变更要求。可以由承包人、业主或工程师提出。

②工程师审查变更。无论是由哪一方提出工程变更的要求,都需要工程师进行审查,在审查过程中,应及时与业主和承包人进行合理协商。

③编制工程变更文件。工程变更文件包括:工程变更令,介绍变更的理由和工程变更的概况,工程变更估价及对合同价的影响;工程量清单,工程变更的工程量清单与合同中的工程量清单相同,并附工程量的计算公式及有关确定工程单价的资料;设计图纸及说明;其他有关文件。

④发出变更指示。工程师以书面形式发出工程变更指令。特殊情况下，工程师可以通过口头形式发出指令，并应尽快补充书面形式进行确认。

3.FIDIC合同条件下工程变更的计价

工程变更后需按FIDIC合同条件的规定对变更影响合同价格的部分进行计价。如果工程师认为适当，应以合同中规定的费率及价格进行估价。

（1）变更估价原则

计算变更工程应采用的费率或价格可分为以下三种情况。

①工程量清单中有适用于变更工作的计价方法时，应采用费率来计算变更工程费用。

②工程量清单中有与变更工程同类的项目，但是其计价方法并不适用，此时应根据原单价和价格来制定合适的新单价或价格。

③工程量清单中没有与变更工程同类的项目时，应遵循与合同单价水平一致的原则来制定新的费率或价格。

为了支付方便，在费率和价格没有取得一致意见前，工程师应确定暂行费率和价格，列入期中暂付款中支付。

（2）可以调整合同工作单价的原则

若满足以下条件，则应调整某项工作的费率或单价。

①该项工作的实际工程量与工程量清单或其他报表中规定的工程量相差超过10%。

②工程量的变更与对该项工作规定的具体费率的乘积超过了接收的合同款额的0.01%。

③由此工程量的变更直接造成该项工作每单位工程量费用的变动超过1%。

（3）删减原定工作后对承包商的补偿

在工程师提出删减部分工作的指令后，承包人便停止进行该部分工作，虽然并未影响合同价格中的直接费用，但是损失了用于该部分的间接费、利润和税金。对于该项损失，承包人能够向工程师提交相关证明，经工程师与合同双方协商来确定补偿金并加入合同价中。

第三节　工程索赔

一、工程索赔的概念和分类

（一）工程索赔的概念

工程索赔是指在工程承包合同履行中，当事人一方由于另一方未履行合同所规定的义务或者出现了应当由对方承担的风险而遭受损失时，向另一方提出赔偿要求的行为。

（二）工程索赔的分类

工程索赔按不同的分类方法有所不同。

1. 按索赔有关当事人不同分类

①承包人同业主之间的索赔。最常见的是承包人向业主提出的工期索赔和费用索赔。

②总承包人和分包人之间的索赔。总承包人和分包人，按照他们之间所签订的分包合同，都有向对方提出索赔的权利，以维护自己的利益，获得额外开支的经济补偿。

2. 按索赔目的分类

①工期索赔。承包人向发包人要求延长工期，合理顺延合同工期。由于合理的工期延长，可以使承包人免于承担误期罚款（或误期损害赔偿金）。

②费用索赔。承包人要求取得合理的经济补偿，即要求发包人补偿不应该由承包人自己承担的经济损失或额外费用，或者发包人向承包人要求因为承包人违约导致业主的经济损失补偿。

3. 按发生索赔的原因分类

如图6-5所示，按发生索赔的原因可进行如下分类。

按发生索赔的原因分类 {
- 增加（或减少）工程量索赔
- 地基变化索赔
- 工程延误索赔
- 工程加速索赔
- 工程质量缺陷索赔
- 不利自然条件及人为障碍索赔
- 工程范围变更索赔
- 合同文件错误索赔
- 暂停施工索赔
- 合同违约索赔
- 合同被迫终止索赔
- 设计图纸提供拖延索赔
- 拖延付款索赔
- 物价上涨索赔
- 业主风险索赔
- 法规、标准与规范变更索赔等
- 特殊风险索赔
- 不可抗拒天灾索赔
}

图6-5 按发生索赔的原因分类

4. 按索赔的处理方式分类

单项索赔采取的是一事一索赔的方式,也就是说,在履行合同的过程中,某一干扰事件发生时,或发生后立即进行索赔,具体包括在合同规定的有效期内,提交索赔通知书,编报索赔报告书等来要求进行单项解决支付。

总索赔又叫一揽子索赔或综合索赔。一般在工程竣工前,承包商将施工过程中未解决的单项索赔集中起来,提出一篇总索赔报告。合同双方在工程交付前后进行最终谈判,以解决索赔问题。

二、工程索赔的处理原则和程序

(一) 工程索赔的处理原则

1. 必须按照合同进行索赔

不论是由于风险因素造成的,还是由于当事人未按照合同实施工程,都应该从合同中找到一定依据。不过,有些依据是隐含在合同中的,工程师需要根据合同和实际情况进行索赔。不同的合同条件中具有不同的依据,例如由于不可抗力造成的索赔,《建设工程施工合同(示范文本)》条件下,承包人的机械设备损坏由承包人承担,不需要向发包人索赔;FIDIC合同条件下,由于不可抗力造成的损失需要由业主承担。在签订具体的合同时,又具有不同的协议条款,这样索赔的依据就相差更大了。

2. 及时、合理地处理索赔

发生索赔事件后,应及时提出索赔,并及时进行索赔处理。若不及时进行索赔,那么会使双方遭受不利影响,例如承包人的索赔长期得不到有效解决,那么会造成资金困难,阻碍工程进度,从而不利于合同双方。

处理索赔时还应依据合理性,不仅要依据国家的相关法律法规,还要考虑工程的具体情况,如承包人提出索赔要求,机械停工按照机械台班单价计算损失显然是不合理的,因为机械停工不发生运行费用。

3. 加强主动控制,减少工程索赔

在工程管理过程中,应事先做好工作,尽量控制索赔事件的发生。这样能够使工程更顺利地进行,减少工程投入、缩短工程时间。

(二) 索赔处理的时限

索赔处理的时限如图6-6所示。

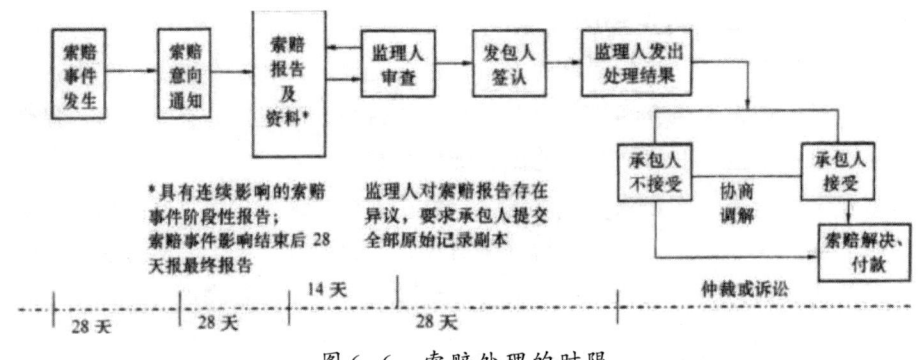

图 6-6 索赔处理的时限

三、工程索赔的计算

(一) 工期索赔的计算

通常情况下,工期索赔指的是承包人在合同的指导下,对由于非自身原因造成的工期延误向发包人提出的工期顺延要求。

工期索赔的计算方法主要有以下几种:

1. 直接法

若某一干扰事件发生在关键项目上,因此延误了总工期,应把干扰事件造成的延误时间当作工期索赔值。

2. 比例计算法其计算公式为:

工期索赔值=受干扰部分工程的合同价/原合同总价×该受干扰部分工期拖延时间 (6-3)

对于已知额外增加工程量的价格,则

工期索赔值=额外增加的工程量的价格/原合同总价×原合同总工期 (6-4)

此种方法较为简单,不过也存在与实际不相符的情况。对于变更施工顺序、加速施工、删减工程量等并不采用该方法。另外,还需明确产生工期延误的责任归属。

3. 网络图分析法

该法是依据进度计划的网络图,对关键线路进行分析。若延误了关键工作,那么延误的时间即为工期索赔值;若延误的不属于关键工作,由于延误超过时差从而看作关键工作后,工期索赔值为延误时间与时差的差值;若工作延误后并未成为关键工作,那么就不用进行工期索赔。

(二) 索赔费用的计算

1. 索赔费用的组成

索赔费用的组成部分与施工承包合同价所包含的内容相似,也是由直接费、间接费、利润和税金组成,但国际通行的可索赔费用与此是有区别的,主要是建筑安装工程直接费。一般承包商可索赔的具体费用如图6-7所示。

可索赔费用
- 直接费
  - 人工费
  - 材料费
  - 施工机械使用费
- 分包费
- 间接费
  - 现场管理费
  - 保函手续费
  - 保险费
  - 临时设施费
  - 咨询费
  - 交通设施费
  - 代理费
  - 利息
  - 税金
  - 总部管理费
  - 其他
- 利润

图 6-7 国际通行的可索赔费用

在具体分析费用的可索赔性时，应对各项费用的特点和条件进行审核论证。《施工索赔》一书（J. Adrian著）对承包商提出索赔款的组成部分进行了详细的具体划分，并指明在最常见的四种不同种类的施工索赔中，哪些费用是可以得到补偿的，哪些费用是需要通过分析而决定能否得到补偿的，哪些费用则一般不能得到补偿，如表 6-2 所示。

表 6-2 索赔费的组成部分及其可索赔性分析表

施工索赔费的组成部分	不同原因引起的最常见的四种索赔			
	工程延期索赔	施工范围变更索赔	加速施工索赔	施工条件变化索赔
由于工程量增大而新增现场劳动时间的费用	○	√	○	√
由于工效降低而新增现场劳动时间的费用	√	*	√	*
人工费提高	√	*	√	*
新增的建筑材料用量	○	√	*	*
建筑材料单价提高	√	√	*	*
新增加的分包工程量	○	√	○	*
新增加的分包工程成本	√	*	*	√
设备租赁费	*	√	√	√
承包商原有设备的使用费	√	√	*	√
承包商新增设备的使用费	*		*	*

续表

施工索赔费的组成部分	不同原因引起的最常见的四种索赔			
	工程延期索赔	施工范围变更索赔	加速施工索赔	施工条件变化索赔
工地管理费（可变部分）	*	√	*	√
工地管理费（固定部分）	√		○	*
公司总部管理费（可变部分）	*	*	*	*
公司总部管理费（固定部分）	√	*	*	*
利润	*	√	*	√
可能的利润损失	*	*	*	*

表 6-2 中对各项费用的可索赔性（是否应列入索赔款额中去）的分析意见，用三种符号标识："√"代表应该列入；"*"代表有时可以列入，亦即应通过合同双方具体分析决定；"○"表示一般不应列入索赔款。这些分析意见系按一般的索赔而论。

2. 索赔费用的计算方法

应依据赔偿实际损失来计算索赔费用，这里的损失可分为直接损失和间接损失。具体来说，有以下几种计算方法。

①实际费用法：其是工程索赔计算时最常用的一种方法。

具体的计算过程为，首先分别根据各索赔事件造成的损失计算相应的索赔值，然后汇总各索赔值，即为总索赔费用。该方法依据承包人对某项索赔项目的实际支出进行索赔，并且仅包括由索赔事项造成的、在原计划之外的支出，因此又称作额外成本法。这种方法比较复杂，但能客观地反映施工单位的实际损失，比较合理，易于被当事人接受，在国际工程中被广泛采用。

②总费用法，又称作总成本法。该方法是在发生多起索赔事件后，计算工程的实际总费用，再用该费用减去投标报价估算的总费用，该差值就是索赔值。其计算公式为：

$$索赔金额 = 实际总费用 - 投标报价估算总费用 \tag{6-5}$$

③修正总费用法，此法是对总费用法的完善，具体来说，是在总费用计算的基础上，除去部分不确定因素，进而对总费用法做出调整，使索赔费用的计算更加合理。其计算公式为：

$$索赔金额 = 某项工作调整后的实际总费用 - 该项工作的报价费用 \tag{6-6}$$

第四节 工程价款结算

工程价款结算是指承包商在工程实施过程中，依据承包合同中有关付款条款的约定和已经完成的工程量，并按照规定的程序向业主收取工程款的一项经济活动。

一、概述

(一) 工程价款的结算方式

我国现行工程价款结算根据不同情况可采取多种方式,见表6-3。

表6-3　工程价款的结算方式

结算方式	说明	应用条件
按月结算	在旬末或月中预支,月中结算,竣工后清理	
竣工后一次性结算	每月月中预支,在合同完成后由承包人与发包人进行结算,工程价款为合同双方结算的合同价款总额	工程建设项目或单项工程的全部建设期不超过12个月,或工程承包合同价不超过100万元
分段结算	根据工程进度划分的不同阶段进行结算。分段标准由直辖市、自治区的有关部门规定	当年开工、当年不能竣工的单项工程或单位工程
按目标结算方式	将工程的具体内容分解为不同验收单元,在承包人完成单元工程且由监理工程师验收合格后,由业主支付相应的工程价款	在合同中应明确设定控制面,承包商要想获得工程款,必须按照合同约定的质量标准完成控制面工程内容
其他方式		双方事先约定

(二) 工程价款的支付过程

在实际工程中,工程价款的支付不可能一次完成,一般分为三个阶段,即开工前支付的工程预付款、施工过程中的中间结算和工程完工、办理完竣工手续后的竣工结算,如图6-8所示。

支付工程预付款→中间结算→竣工结算

图6-8　工程价款的支付过程

二、工程预付款及其计算

(一) 工程预付款的性质

施工企业承包工程一般实行包工包料,这就需要有一定数量的备料周转金。工程预付款是指在开工前发包人提前拨付给承包单位的,用于购买施工所需的材料和构件,保证工程正常开工的一定数额的备料款,又称预付备料款。

签订工程承包合同时,应标明发包人在施工前需拨付给承包人的工程预付款。该款项作为工程的流动资金用于为承包工程提供主要材料和结构件等,仅用于施工开始时的动员费用。若出现承包人滥用该款项的情况,那么发包人有权收回。

(二) 工程预付款的限额

工程预付款的额度按各地区、部门的规定并不完全相同,决定工程预付款限额的主要因素有:主要材料占工程造价的比重、材料储备期、施工工期、建筑安装工程量等,一般根据这些因素测算确定。

1. 在合同条件中约定

发包人根据工程的特点、工期的长短、市场行情、供求规律等因素,在进行招标时应在合同中确定工程预付款的百分比。

对于包工包料的工程,应按照合同中的规定拨付款项,通常来说,预付款的百分比不能低于合同金额的10%,不能高于合同金额的30%。对于重大的工程项目,应根据年度计划按年支付工程预付款。

2. 公式计算法

利用主要材料占年度承包工程总价的比重、材料储备定额天数和年度施工天数等,通过公式计算工程预付款。计算公式如下:

$$工程预付款数额 = 工程总价 \times 主要材料比重 \times 材料储备定额天数 / 年度施工天数 \quad (6-7)$$

一般情况下,年度施工天数为365天,材料储备定额天数受当地材料供应的在途天数、加工天数、整理天数、供应间隔天数、保险天数等因素影响。

(三) 工程预付款的拨付时限

工程预付款的支付时间和金额应符合工程合同的规定,在施工开始后,在约定的时间按比例逐次扣回。具体拨款时间不能晚于约定开工时间的前7天,如果发包人没有按时拨付预付款,承包人可在约定时间10天后向其发出预付通知。发包人收到通知后并未按要求预付,承包人可在发出通知14天后停止施工,发包人应从约定应付之日起向承包人支付应付款的贷款利息,并承担违约责任。

(四) 工程预付款的扣回

发包人拨付给承包商的工程预付款属于预支的性质。开工后,随着工程储备材料的减少,需要以抵充工程款的形式陆续扣回。预付款开始扣回的时间即为起扣点,通常按照以下方法进行计算。

方法一:从未施工工程所需主要材料的价值与预付备料款额相当时开始扣回,在结算的工程款项中按材料的比重抵扣工程价款,并在竣工前扣清。

$$未完工程材料款 = 预付备料款 \quad (6-8)$$

$$未完工程材料款 = 未完工程价值 \times 主材比重 = (合同总价 - 已完工程价值) \times 主材比重 \quad (6-9)$$

$$预付备料款 = (合同总价 - 已完工程价值) \times 主材比重 \quad (6-10)$$

已完工程价值（起扣点）=合同总价-预付备料款/主材比重　（6-11）

方法二：在承包人完成工程的金额占合同总价的比重达到一定值（该值由双方协商确定）后，由发包人从应付给承包人的工程款项中扣回，且应在约定的完工期前三个月以逐次分摊的方法进行，以使承包商将预付款还清。

当工程款支付达到起扣点后，从应签证的工程款中按材料比重扣回预付备料款。若发包人向承包人支付的价款低于合同规定扣回的金额时，应在下次支付时作为债务结转补齐差额。

三、工程进度款结算

施工企业在施工过程中，按每个月完成的工程量计算工程的各项费用，并采用规定的结算方式，向建设单位办理工程进度款结算，也就是中间结算。

（一）工程进度款结算过程

工程进度款的结算步骤为：

①根据每月所完成的工程量依照合同计算工程款。

②计算累计工程款。如果累计的工程款低于起扣点，那么根据工程量计算出的工程款就是应支付的工程款；如果累计的工程款高于起扣点，那么按照下面的公式计算应支付的工程款。

累计工程款超过起扣点的当月应支付工程款=当月完成工作量-（截至当月累计工程款-起扣点）×主要材料所占比重　　（6-12）

累计工程款超过起扣点的以后各月应支付工程款=当月完成的工作量×（1-主要材料所占比重）　　（6-13）

③中间结算主要由工程量的确认和合同收入组成。

（二）工程进度款支付要点

在工程进度款支付过程中，应掌握以下要点。

1. 工程量的确认

承包人应在合同规定的时间内向监理工程师提交已完成工程量的报告。工程师应在收到报告后的14天内依据设计图纸进行计量（核实已完成的工程量），需在计量前24小时通知承包人，由承包人提供便利条件来协助计量工作。承包商收到通知不参加计量的，计量结果有效，据此来支付工程价款。

工程师在收到报告后14天内没有进行计量，从第15天起，承包人提交的工程量即为被确认的工程量，据此来支付工程价款。工程师没有及时通知承包人，使后者没有进行计量，那么得到的计量结果视为无效。

承包商超出设计图纸范围和因承包人原因造成返工的工程量，工程师不予计量。因为这部分的施工是承包商为保证质量而采取的技术措施，费用由施工单位自己承担。

2. 合同收人组成

按中华人民共和国财政部制定的《企业会计准则第15号——建造合同》的规定，建设工程合同收入由合同中规定的初始收入和由于各种原因造成的追加收入两部分组成。追加收入并没有包含在合同金额中，故在计算保修金等利用合同金额进行计算的款项时，不能考虑此部分收入。

3. 保修金的扣除

在合同中应规定出工程造价中预留的尾留款来作质量保修费用，即为保修金。通常应在结算过程中扣除保修金，其扣除方式包含以下两种，这里以保修金占合同总额的5%进行计算。

方式一：先进行正常结算，当结算的工程进度款占合同金额的95%时，则停止支付，剩下的部分为保修金。

方式二：先扣除保修金，直到全部扣完，具体来说，是从第一次支付工程进度款时即根据合同的规定扣除一定比例的保修金，直至扣除的金额达到合同总额的5%。

四、工程竣工结算

工程竣工结算指的是施工方完成合同规定的工程项目，验收合格后，向发包人进行的最终工程价款结算。

（一）工程竣工结算过程

①承包人向发包人提交工程竣工验收报告并得到其认可的28天内，还需提交竣工结算报告及结算资料，由双方根据约定的合同价款进行工程竣工结算。

②发包人在接收到承包人提交的结算资料28天内进行审核，进行确认或提出修改建议。承包人在收到竣工计算价款的14天内向发包人交付竣工工程。

③发包人在接收到承包人提交的结算资料28天内，若没有正当理由而未支付竣工结算价款，则从第29天开始应按承包人向银行贷款的利率来支付拖欠的工程价款利息，进而承担相应的违约责任。

④发包人在接收到承包人提交的结算资料28天内不支付工程竣工结算价款，承包人能够向发包人催告结算价款。若发包人在接收到结算资料的56天内仍未支付，承包人可以与发包人进行协商将工程折价，或由承包人向法院申请拍卖该工程，工程折价或拍卖的价款应优先赔偿给承包人。

⑤发包人确认工程竣工验收报告的28天后，承包人未向发包人提交竣工计算报告及结算资料，造成竣工结算不能正常进行或竣工结算价款不能及时支付。若发包人要求交付工程，则承包人应当交付；若发包人不要求交付工程，则由承包人进行保管。

（二）工程竣工结算价款的计算

按照下式计算工程竣工结算价款：

工程竣工结算价款=合同价款+施工过程中预算或合同价款调整数额-预付及已结算工

程价款-保修金　　　　　　　　　　　　　　　　　　　　　（6-14）

五、工程价款的动态结算

由于工程建设项目需要的时间较长，在建设期内会受到多种因素的影响，具体包括人工、材料、施工机械等因素。进行工程价款结算时，应综合考虑多种动态因素，来反映工程项目的实际消耗费用。

下面介绍几种常用的动态调整方法。

（一）实际价格结算法

实际价格结算法，又称票据法，也就是施工企业凭发票报销的方法。采用该法，并不利于承包人降低成本。因此，通常由地方主管部门定期公布最高结算限价，并在合同中规定建设单位有权要求承包人选择更低廉的供应来源。

（二）工程造价指数调整法

采取当时的预算或概算单价来确定承包合同价，等到工程结束时，根据合理的工期和当地工程造价管理部门制定的工程造价指数，对合同价款进行调整。

（三）调价文件计算法

调价文件计算法是指按当时预算价格承包，在合同期内，按造价管理部门文件的规定，或由定期发布的主要材料供应价格和管理价格进行补差的方法。其计算公式为：

$$调差值=\Sigma 各项材料用量×（结算期预算指导价-原预算价格） \quad (6-15)$$

（四）调值公式法

在国际上，通常采用调值公式法进行工程价款结算。在合同中应给出调值方式，据此来调整价差。

建筑安装工程调值公式一般包括人工、材料、固定部分。

$$P=P_0（a_0+a_1A/A_0+a_2B/B_0+a_3C/C_0+a_4D/D_0） \quad (6-16)$$

式中，P 为调值后合同价或工程实际结算价款；P_0 为合同价款中工程预算进度款；a_0 为合同固定部分、不能调整的部分占合同总价的比重；a_1、a_2、a_3、a_4 为调价部分（人工费用、钢材、水泥、运输等各项费用）在合同总价中所占的比例；A_0、B_0、C_0、D_0 认为基准日对应各项费用的基准价格指数或价格；A、B、C、D 为调整日期对应各项费用的现行价格指数或价格。

第五节 投资偏差分析

一、偏差

在工程施工阶段，在随机因素和风险因素的作用下，通常会使实际投入与计划投入、实际工程进度与计划工程进度产生差异，前者称为投资偏差，后者称为进度偏差。

投资偏差=已完工程实际投资-已完工程计划投资=实际工程量×（实际单价-计划单价） 进度偏差=已完工程实际时间-已完工程计划时间　　　　　　　　(6-17)

为了与投资偏差联系起来，进度偏差也可表示为：

进度偏差=拟完工程计划投资-已完工程计划投资=（拟完工程量-实际工程量）×计划单价　　　　　　　　(6-18)

当投资偏差计算结果为正值时，表示投资增加；计算结果为负值时，表示投资节约。当进度偏差计算结果为正值时，表示工期拖延；计算结果为负值时，表示工期提前。

二、偏差分析方法

常用的偏差分析方法有如下几种。

（一）横道图分析法

用横道图法进行造价偏差分析，是用不同的横道标识已执行工作预算成本（BCWP，已完工程计划造价）、计划执行预算成本（BCWS，拟完工程计划造价）和已执行工作实际成本（ACWP，已完工程实际造价）。

在实际工程中，有时需要根据拟完工程计划投资和已完工程实际投资确定已完工程计划投资后，再确定投资偏差、进度偏差。

（二）时标网络图法

在双代号网络图中，利用水平时间坐标代表工作时间，其具体单位包括天、周、月等，如图6-9所示。通过时标网络图能够掌握各时间段的拟完工程计划投资；根据实际施工情况可以得到已完工程实际投资；利用时标网络图中的实际进度前锋线并经过计算，可以得到每一时间段的已完工程计划投资；最后再确定投资偏差、进度偏差。

（三）表格法

表格法是进行偏差分析最常用的一种方法，应依据工程的实际情况、数据来源、投资控制的有关要求等来设计表格。制得的投资偏差分析表可反映各类偏差变量和指标，进而便于相关人员更加全面地把握工程投资的实际情况。此法具有灵活、适用性强、信息量大、便于计算机辅助造价控制等特点。如表6-4所示。

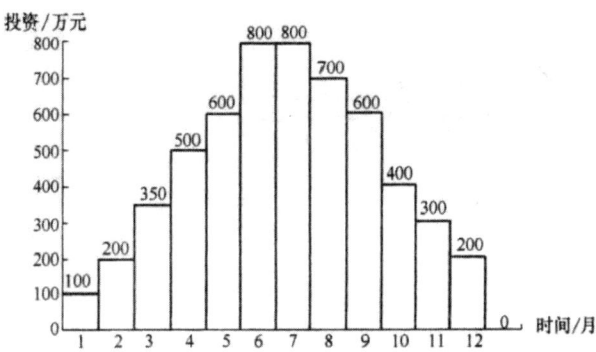

图6-9 时标网络图上按月编制的投资使用计划

表6-4 投资偏差分析表

项目编码	（1）	041	042	043
项目名称	（2）	木门窗安装	钢门窗安装	铝合金门窗安装
单位	（3）			
计划单价	（4）			
拟完工程量	（5）			
拟完工程计划造价	（6）＝（4）×（5）	30	30	40
已完工程量	（7）			
已完工程计划造价	（8）＝（4）×（7）	30	40	40
实际单价	（9）			
其他款项	（10）			
已完工程实际造价	（11）＝（7）×（9）＋（10）	30	50	50
造价局部偏差	（12）＝（11）－（8）	0	10	10
造价局部偏差程度	（13）＝（11）＋（8）	1	1.25	1.25
造价累计偏差	（14）＝Σ（12）			
造价累计偏差程度	（15）＝Σ（11）÷Σ（8）			
进度局部偏差	（16）＝（6）－（8）	0	－10	0
进度局部偏差程度	（17）＝（6）÷（8）	1	0.75	1
进度累计偏差	（18）＝Σ（16）			
进度累计偏差程度	（19）＝Σ（6）÷Σ（8）			

（四）挣值法

挣值法是度量项目执行效果的一种方法。它的评价指标常通过曲线来表示，所以在一些书中又称之为曲线法。该法是用投资时间曲线（S形曲线）进行分析的一种方法，通常有三条曲线，即已完工程实际投资曲线、已完工程计划投资曲线、拟完工程计划投资曲线。已完实际投资与已完计划投资两条曲线之间的竖向距离表示投资偏差，拟完计划投资与已完计划投资曲线之间的水平距离表示进度偏差。

三、投资偏差产生的原因及纠正措施

（一）引起投资偏差的原因

①客观原因。包括人工、材料费涨价，自然条件变化，国家政策法规变化等。
②业主意愿。包括投资规划不当、建设手续不健全、因业主原因变更工程、业主未及时付款等。
③设计原因。包括设计错误、设计变更、设计标准变更等。
④施工原因。包括施工组织设计不合理、质量事故等。

（二）偏差类型

偏差分为以下四种形式。
①投资增加且工期拖延。该类型是纠正偏差的主要对象。
②投资增加但工期提前。对于此类情况，应注意工期提前会带来的效益；若增加的投资超过增加的收益，应该进行纠偏；若增加的收益超过增加的投资或大致相同，那么就不需要进行纠偏。
③工期拖延但投资节约。此类情况下是否采取纠偏措施要根据实际需要确定。
④工期提前且投资节约。此类情况是最理想的，不需要采取任何纠偏措施。

（三）纠偏措施

1. 组织措施

组织措施指的是进行投资控制的组织管理层面实施的措施。例如，合理安排负责投资控制的机构和人员，明确投资控制人员的任务、权利和责任，完善投资控制的流程等。

2. 经济措施

需要采取的经济措施，既包括对工程量和支付款项进行审核，也包括审查投资目标分解的合理性、资金使用计划的保障性和施工进度计划的协调性。除此之外，还可以利用偏差分析和工程预测来及时发现潜在问题，采取相应的预防措施，更加主动地进行造价控制。

3. 技术措施

采取不同的技术措施会带来不同的经济效果。具体来说，通过不同的技术方案来开展技术经济分析，从而做出正确选择。

4. 合同措施

采用合同措施进行纠偏,即进行索赔管理。无论进行哪一工程项目,都有可能发生索赔事件,在发生此类事件后,应确定索赔依据是否满足合同的要求,有关计算是否合理。

第七章 项目竣工阶段造价控制

第一节 竣工验收

一、竣工验收的概念

建设项目竣工验收指的是承包人按施工合同完成了工程项目的全部任务,经检验合格,由发包人、承包人和项目验收委员会,依据设计任务书、设计文件以及国家或部门颁发的施工验收规范和质量检验标准,对工程项目进行检验、综合评价和鉴定的过程。竣工验收是建设项目的最后一个环节,是全面检验建设工作、审查投资使用合理性的重要环节,是投资成果转入生产或使用的标志性阶段。

二、工程竣工验收的范围及依据

(一)工程竣工验收的范围

国家颁布的建设法规指出,凡是新建、扩建及改建的建设项目和技术改造项目,按照符合国家标准的设计文件完成了工程内容,经验收合格,具体指的是,工业投资项目通过负荷试车,能够生产出合格的指定产品;非工业投资项目达到设计要求,可以正常使用,这两类工程项目都应进行及时验收,完成固定资产移交手续。

(二)工程竣工验收的依据

竣工验收的主要依据包括:

①经批准的与项目建设相关的文件,包括可行性研究报告、初步设计、技术设计等。

②工程设计文件,包括施工图纸及说明、设备技术说明书等。

③国家颁布的各种标准和规范。

④合同文件,包括施工承包的工作内容和要求,以及施工过程中的设计修改变更

通知书等。

三、工程竣工验收的方式与程序

（一）建设项目竣工验收的方式

建设项目的竣工验收应遵循一定的程序，按照建设项目总体计划的要求及施工进展的实际情况分阶段进行。根据竣工验收对象的不同，主要包括如下几种竣工验收。

1. 单位工程竣工验收（中间验收）

单位工程竣工验收指的是承包人针对单位工程，独立签订建设工程施工合同，在满足竣工要求后，承包人能单独进行交工，业主则按照竣工验收的依据和标准，对合同中规定的内容进行竣工验收。由监理单位组织，业主和承包人共同参与竣工验收。根据此阶段的验收资料可进行最终验收。按照施工承包合同的约定，施工完成到某一阶段后要进行中间验收，以及主要的工程部位施工在完成隐蔽前需进行验收。

2. 单项工程竣工验收（交工验收）

单项工程竣工验收指的是在总体工程建设项目中，已按照设计图纸完成了某一个单项工程的内容，且具备使用条件或能够生产指定的产品，此时，承包人会向监理单位交出工程竣工报告和报验单，待确认后向业主发出交付竣工验收通知，应说明工程完工情况、竣工验收准备情况、设备无负荷单机试车情况，规定此阶段涉及的工作活动。需要注意的是，该阶段的工作由业主组织，施工单位、监理单位、设计单位及使用单位等有关部门均参与。

通过投标竞争来承包的单项工程，应依据合同规定，由承包人向业主发出交付竣工验收通知请求组织验收。

3. 工程整体竣工验收（动用验收）

工程整体竣工验收指的是已按合同规定完成全部建设项目，并满足竣工验收要求，由发包人组织设计、施工、监理等单位和档案部门在单位工程、单项工程竣工验收合格的基础上进行的活动。对于大中型和超过限额的项目由国家发改委或由其委托项目主管部门或地方政府部门进行验收工作；对于小型和没达到限额的项目由项目主管部门进行验收工作。

（二）建设项目竣工验收的程序

在完成建设项目的建设内容后，各单项工程具备验收条件的情况下，编制有关文件（包括竣工图表、竣工决算、工程总结等），承包人向验收部门申请进行交工验收，由后者按照一定程序对建设项目进行验收。一般情况下，竣工验收的程序如图7-1所示。

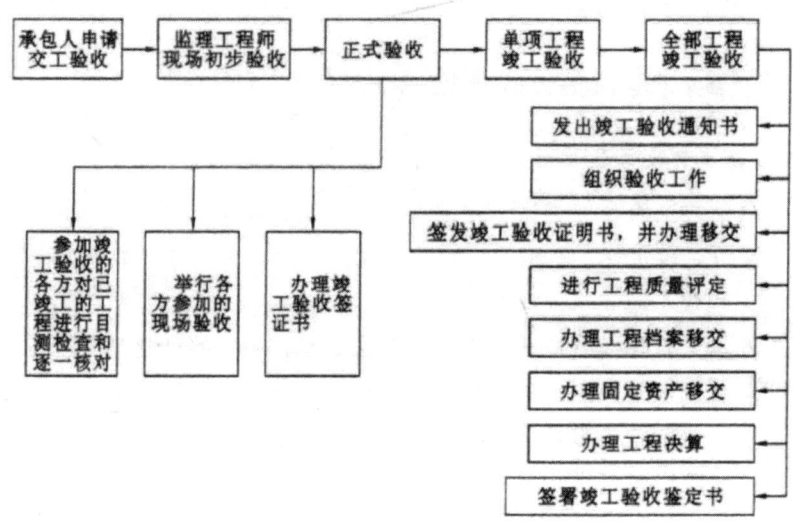

图 7-1 建设项目竣工验收的程序

1. 承包人申请交工验收

已建项目达到了合同中规定的建设内容或移交项目的条件时,便能申请进行交工验收。在建设项目满足竣工要求时,需要对其开展预检验,确保工程质量合格。如不符合要求,应确定相应的补救措施,并进行适当修补。进行以上操作后,应编制相关文件,由承包人提出交工验收的申请。

2. 监理工程师现场初验

监理工程师审查初验报告,进行现场初步验收,主要检验工程的质量是否符合要求以及相关文件是否齐全等。若检查出了任何问题,应将其形成书面文件,下发给承包人,由承包人针对该问题进行整改,问题较为严重时则需要返工。在承包人完成整改工作后,监理工程师再次进行检验,若检验合格,则签署初验报告单,并进行工程质量评估。

3. 正式验收

由业主或监理工程师组织,业主、监理单位、设计单位、施工单位、工程质量监督站等部门共同参与正式验收的过程,其具体工作程序为:

①检查竣工工程,核对相应的工程资料。

②举行现场验收会议。

③办理竣工验收签证书,签字盖章。

4. 单项工程验收

单项工程验收,又称交工验收,依据国家颁布的技术规范和施工承包合同进行验收。应检查以下几点:

①检查、核实准备发给发包人的技术资料的完整性和准确性。

②根据合同和设计文件,检查已完工程是否有遗漏项。

③检查工程质量、关键部位施工与隐蔽工程的验收情况。

④检查试车记录及过程中出现的问题是否需要修改。

⑤在验收过程中，如果有需要修改、返工的，应该规定具体的完成期限。

⑥其他问题。

工程项目通过验收，由合同双方签订交工验收证书。发包人汇总技术资料、试车记录和验收报告等上交主管部门，一经审批便可以使用。一般来说，通过单项工程验收的工程，在下一阶段的全部工程竣工验收时，可不进行进一步的验收操作。

5. 全部工程的竣工验收

进行全部工程的竣工验收时，具体包括以下几个方面：

①发出竣工验收通知书。

②组织竣工验收。

③签发竣工验收证明书。

④进行工程质量评定。

⑤整理各种技术文件材料。

⑥办理固定资产移交手续。

⑦办理工程决算。

⑧签署竣工验收鉴定书。

四、竣工验收管理

（一）工程竣工验收报告

工程竣工验收应依据经审批的建设文件和工程实施文件，满足国家法律法规及相关部门对竣工条件的规定和合同中规定的验收要求，提出《工程竣工验收报告》，由承包人、发包人及项目相关组织签署意见，并进行签名、加盖单位公章。

由于各地工程竣工验收具有不同的专业特点和工程类别，故其具有不同的验收报告格式。

（二）工程竣工验收管理

①国务院建设行政主管部门监督管理全国工程竣工验收。

②县级以上地方人民政府建设行政主管部门监督管理所在行政区域内的工程竣工验收，并委托工程质量监督机构实施监督。

③建设单位组织工程竣工验收。

④工程竣工验收的具体监督范围包括工程竣工验收的组织形式、验收程序、执行验收标准等，若存在不符合建设工程项目质量管理规定的情况，应令其进行整改。工程竣工验收的监督情况是工程质量监督报告的重要内容。

第二节 竣工决算

一、竣工决算的概念与作用

（一）竣工决算的概念

竣工决算综合了建成项目从筹建之初到投入使用全过程的建设费用、建设成果以及财务状况的总结性文件，是组成竣工验收报告的重要内容。进行竣工决算，既可以准确反映建设工程的实际造价和投资结果，便于业主掌握工程投资金额；又可以将其与概算、预算进行对比，进而考核投资管理的效果，从中吸取经验教训，积累技术经济方面的基础资料，为以后提高工程项目的投资效益打下基础。因此，竣工结算能够反映建设工程的经济效益，便于项目负责人核定各类资产的价值、办理建设项目的交付使用。

（二）竣工决算的作用

竣工决算对建设单位具有重要作用，具体表现在以下几个方面：

①竣工结算利用货币指标、实物数量、建设工期和各种技术经济指标，全面地反映工程项目自建设初期到竣工的全部建设成果以及财务状况。

②竣工决算是办理交付使用资产的依据，也是组成竣工验收报告的重要内容。在承包人与业主办理交付资产验收的交接手续时，可以从竣工决算掌握交付资产的全部价值。

③通过竣工结算来审查设计概算的执行效果，考核投资控制的效益。

二、竣工决算的内容

工程建设项目的竣工决算包括从筹建到竣工全过程的实际投入金额，具体为建筑安装工程费、设备工器具购置费、预备费及其他费用等。

（一）竣工财务决算说明书

竣工财务决算说明书可反映竣工项目的建设成果，能够对竣工决算报表进行补充说明，能用于考核分析工程投资与造价，具体内容主要有如下几项：

①建设项目概况。

②资金来源及使用等财务分析。

③基本建设收入、投资包干结余、竣工结余资金的上交分配情况。

④各项经济技术指标的分析。

⑤工程建设的经验及项目管理和财务管理工作以及竣工财务决算中有待解决的问题。

⑥需要说明的其他事项。

(二) 竣工财务决算报表

根据财政部印发的有关规定和通知，建设项目竣工财务决算报表应根据大、中型建设项目和小型项目分别制定。大中型建设项目是指经营性项目投资额在5000万元以上，非经营性项目投资额在3000万元以上的建设项目，在上述标准之下的为小型项目。报表结构如图7-2所示。

竣工决算的内容
- 竣工财务决算说明书
  - 建设项目概况，对工程总的评价（一般从进度、质量、安全和造价进行分析说明）
  - 资金来源及运用等财务分析（包括工程价款结算、会计账务处理、财产物资情况及债权债务的清偿情况）
  - 基本建设收入、投资包干结余、竣工结余资金的上交分配情况各项经济技术指标的分析
  - 工程建设的经验及项目管理和财务管理工作以及竣工财务决算中有待解决的问题
- 竣工财务决算报表
  - 大、中型建设项目
  - 小型建设项目
- 建设项目竣工图：真实记录各种地上、地下建筑物、构筑物等情况的技术文件，是工程进行交工验收、维护改建、扩建的依据，是国家的重要技术档案

图7-2 竣工决算内容

1. 建设项目竣工财务决算审批表

该表是用于竣工决算时上报有关部门的建设项目竣工财务决算审批表，适用于大、中、小型项目，具体格式是按大、中型及小型工程项目的审批要求进行设计的。对于地方级项目，有权根据审批要求进行合理修改。

2. 大、中型建设项目概况表（表7-1）

该表综合反映大、中型建设项目的基本概况，可用于全面考核和分析投资效益。

表7-1 大、中型建设项目概况表

建设项目（单项工程）名称			建设地址					项目	概算	实际	主要指标
主要设计单位			主要施工企业					建筑安装工程			
占地面积	计划	实际	总投资/万元	设计		实际		基建支出 设备、工具器具			
				固定资产	流动资产	固定资产	流动资产	待摊投资其中：建设单位管理费			

续表

新增生产能力	能力（效益）名称		设计		实际		其他投资			
							待核销基建支出			
							非经营项目转出投资			
建设起、止时间	设计		从 年 月开工至 年 月竣工				合计			
	实际		从 年 月开工至 年 月竣工							
设计概算批准文号							主要材料消耗	名称	单位	概算	实际
								钢材	t		
								木材	m²		
完成主要工程量	建筑面积/m²		设备（台、套、t）					水泥	t		
	设计	实际	设计		实际		主要技术经济指标				
收尾工程	工程内容		投资额		完成时间						

3. 大、中型建设项目竣工财务决算表（表7-2）

应在编制项目竣工年度财务决算的基础上，依据项目竣工年度财务决算和历年的财务决算来编制大、中型建设项目竣工财务决算。表7-2体现了平衡表的特点，也就是说资金来源合计等于资金支出合计。

表7-2 大、中型建设项目竣工财务决算表 单位：元

资金来源	金额	资金占用	金额	补充资料
一、基建拨款		一、基本建设支出		1. 基建投资借款期末余额
1. 预算拨款		1. 交付使用资产		
2. 基建基金拨款		2. 在建工程		2. 应收生产单位投资借款期末余额
3. 进口设备转账拨款		3. 待核销基建支出		
4. 器材转账拨款		4. 非经营项目转出投资		3. 基建结余资金
5. 煤代油专用基金拨款		二、应收生产单位投资借款		
6. 自筹资金拨款		三、拨款所属投资借款		
7. 其他拨款		四、器材		
二、项目资本金		其中：待处理器材损失		
1. 国家资本		五、货币资金		
2. 法人资本		六、预付及应收款		
3. 个人资本		七、有价证券		

续表

资金来源	金额	资金占用	金额	补充资料
三、项目资本公积金		八、固定资产		
四、基建借款		九、固定资产原值		
五、上级拨入投资借款		十、减：累计折旧		
六、企业债券资金		十一、固定资产净值		
七、待冲基建支出		十二、固定资产清理		
八、应付款		十三、待处理固定资产损失		
九、未交款				
1. 未交税金				
2. 未交基建收入				
3. 未交基建包干节余				
4. 其他未交款				
十、上级拨入资金				
十一、留成收入				
合计		合计		

4. 大、中型建设项目交付使用资产总表（表7-3）

表7-3主要体现了项目进行交付时固定资产、流动资产、无形资产和其他资产价值的情况，可用于进行财产交接、检查投资计划完成情况和分析投资效果。

表7-3　大、中型建设项目交付使用资产总表　单位：元

单项工程项目名称	总计	固定资产					流动资产	无形资产	其他资产
		建筑工程	安装工程	设备	其他	合计			
1	2	3	4	5	6	7	8	9	10

5. 建设项目交付使用资产明细表（表7-4）

表7-4详细记录了交付使用的固定资产、流动资产、无形资产和其他资产及其价值。对于大、中、小型工程项目均应使用此表。

表7-4 建设项目交付使用资产明细表

单位工程项目名称	建筑工程			设备、工具、器具、家具					流动资产		无形资产		其他资产	
	结构	面积/m²	价值/元	规格型号	单位	数量	价值/元	设备安装费/元	名称	价值/元	名称	价值/元	名称	价值/元
合计														

6. 小型建设项目竣工财务决算总表

对于小型建设项目来说，其涉及的内容较少，故通常将该工程的概况与财务情况编制为竣工财务决算总表，从而体现小型建设项目的工程和财务情况。

（三）建设工程竣工图

建设工程竣工图是用于记录各种建筑物和构筑物等情况的技术文件，是进行交工验收、维护、改建和扩建的依据，是技术档案中不可缺少的部分。该图的编制离不开建设、设计、施工单位和各主管部门的共同参与。根据国家的有关规定，对于各项新建、扩建、改建的基本建设工程，特别是基础、地下建筑、管线、结构、港口、水坝、桥梁、井巷以及设备安装等隐蔽部位，都应该绘制详细的竣工平面示意图。为了提供真实可靠的资料，在施工过程中应及时对这些隐蔽工程进行检查记录，整理好设计变更文件。不同工程建设项目的竣工图具有不同形式和深度，在编制时，应注意以下几点：

①对于按照原施工图竣工的建设工程，由承包人在原施工图上加盖"竣工图"标志，即为竣工图。

②在施工过程中，对原施工图进行了一般性设计变更，且不需要重新绘制施工图，仅需要在原施工图上进行修改补充来作为竣工图。具体来说，应由承包人在原施工图上注明修改的部分，并补充设计变更通知单和施工说明，加盖"竣工图"标志。

③在施工过程中，对结构形式、施工工艺、平面布置、项目等进行了调整，以及出现其他重大调整，不能对原施工图进行修改、补充，则需要绘制实际的竣工图。

④为了达到进行竣工验收和竣工决算的要求，还需绘制反映竣工工程整体情况的工程设计平面图。

⑤若重大的改建、扩建项目中存在原有工程项目变更，那么需要把涉及项目的竣

工图进行统一归档,并在原图案卷内增补必要的说明一起归档。竣工图绘制主要过程如图7-3所示。

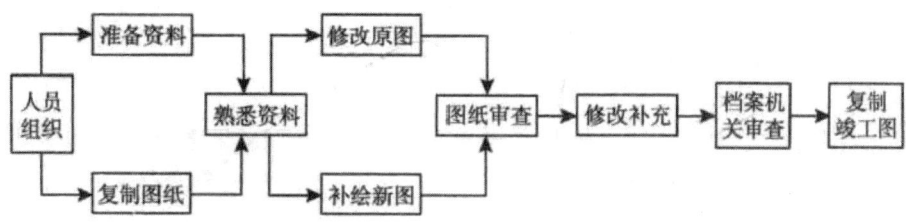

图7-3 竣工图绘制主要过程

三、竣工决算的编制

(一)竣工决算的编制依据

①经批准的可行性研究报告及投资估算。
②招投标标底价格、承包合同、工程结算资料。
③设计交底或图纸会审纪要。
④施工记录、施工签证单及其他施工费用记录。
⑤竣工图及竣工验收资料。
⑥历年基建资料、历年财务决算及批复文件。
⑦设备、材料调价文件及记录。
⑧有关财务制度及其他相关资料。

(二)竣工决算的编制程序

根据财政部有关的通知要求,竣工决算编制的一般程序如图7-4所示。

收集、整理和分析原始资料→清理各项账务、债务和结余物资→填写竣工决算报表→编写建设项目竣工决算说明书→上报主管部门审查

图7-4 建设项目竣工决算编制程序

1. 收集、整理和分析原始资料

在编制竣工决算文件前,应收集、整理出相关的技术资料、经济文件、施工图纸和变更资料等,并分析所有资料的准确性。

2. 清理各项财务、债务和结余物资

在进行上一步骤的同时,应注意收集建设项目从开始筹建到竣工投产过程中全部费用的各项账务、债权和债务,使工程结束后账目清晰明了:既要审核账目,又要清点结余物资的数量,使账与物相等、账与账相符;逐项清点核实结余的材料和设备,按规定进行妥善处理。全面清理各种款项,有利于保证竣工决算的准确性。

核实工程建设项目中的单位工程及单项工程造价,将竣工资料与原设计图进行核实,若有需要可进行实地测量,进一步确认实际变更情况;在承包人提交的竣工结算

的基础上，对原概算、预算进行适当地调整，重新核定工程造价。

3. 填写竣工决算报表

按照建设工程决算表格中的内容，根据编制依据中的有关资料进行统计或计算各个项目和数量，并将结果填到相应表格的栏目内，完成所有报表的填写。

4. 编制建设项目竣工决算说明书

按照建设项目竣工决算说明的内容要求，根据编制依据材料填写在报表中的结果，编写文字说明。

5. 上报主管部门审查

审核以上步骤中的文字说明和表格，若确定无误后将其装订成册，即编制成了建设工程竣工决算文件。由建设单位负责组织人员编写竣工决算文件，且需在竣工建设项目办理验收使用一个月之内完成。将该文件提交给主管部门进行审查，财务成本部分需由开户银行签证。除此以外，还需抄送给相关设计单位。尤其是对于大、中型建设项目来说，还应将竣工决算文件抄送给财政部、中国建设银行总行和省、市、自治区的财政局和中国建设银行分行。

四、新增资产价值的确定

（一）新增资产价值的分类

当建设项目投入生产后，其建设过程中投入的金额会形成一定的资产。根据新的财务制度和企业会计准则，可将新增资产价值分为以下几类：

1. 固定资产

固定资产是指使用超过一年的房屋、建筑物、机器、机械、运输工具以及其他与生产经营活动有关的设备、工器具等，不属于生产经营主要设备，但单位价值在2000元以上且使用年限超过两年的也应作为固定资产。新增固定资产价值的计算是以独立发挥生产能力的单项工程为对象，其内容包括工程费（建筑安装工程费、设备购置费）、形成固定资产的工程建设其他费、预备费和建设期利息。

2. 流动资产

流动资产指的是在一年或超过一年的营业周期内变现或运用的资产，具体包括货币性资金、应收及预付款项、短期投资、存货等。

3. 无形资产

在财政部和国家知识产权局的指导下，中国资产评估协会于2008年制定了《资产评估准则——无形资产》，自2009年7月1日起施行。根据上述准则规定，无形资产指的是受特定主体控制，不以实物形式存在，且可以为生产经营带来经济利益的资产。具体包括生产许可证、特许经营权、商标权、版权、专利权、非专利技术等。

4. 其他资产

其他资产是指不能全部计入当期损益，应当在以后年度分期摊销的各项费用。其他资产内容包括生产准备费及开办费、图纸资料翻译复制费、样品样机购置费和农业开荒费、以租赁方式租入的固定资产改良工程支出等。

（二）新增资产价值的确定方法

1. 新增固定资产价值

新增固定资产价值是指投资项目竣工投产后所增加的固定资产价值，即交付使用的固定资产价值，是以价值形态表示建设项目的固定资产最终成果的综合性指标。新增固定资产价值的计算是以独立发挥生产能力的单项工程为对象。

（1）新增固定资产价值的构成

新增固定资产价值具体包括如下内容：

①已投入生产或交付使用的建筑安装工程价值，主要包括建筑工程费、安装工程费。

②达到固定资产标准的设备、工器具的购置费用。

③预备费，主要包括基本预备费和价差预备费。

④增加固定资产价值的其他费用，主要包括建设单位管理费、研究试验费、勘察设计费、工程监理费、联合试运转费、引进技术和进口设备的其他费用等。

⑤新增固定资产建设期间的融资费用，主要包括建设期利息和其他相关融资费用。

（2）新增固定资产价值的计算

确定新增固定资产价值应按照如下原则：对于一次交付生产的单项工程，计算新增固定资产价值时应一次完成；对于分期分批交付生产的单项工程，计算新增固定资产价值时应分批进行。

在计算时，应注意以下几种情况。

①对于为了提高产品质量、改善劳动条件、节约材料消耗、保护环境而建设的附属辅助工程，只要全部建成，正式验收交付使用后就要计入新增固定资产价值。

②对于单项工程中不构成生产系统，但能独立发挥效益的非生产性项目，如住宅、食堂、医务所、托儿所、生活服务网点等，在建成并交付使用后，也要计算新增固定资产价值。

③凡购置达到固定资产标准不需安装的设备、工器具，应在交付使用后计入新增固定资产价值。

④属于新增固定资产价值的其他投资，应随同受益工程交付使用的同时一并计入。

⑤交付使用财产的成本应按下列内容计算。

房屋、建筑物、管道、线路等固定资产的成本包括：建筑工程成果和待分摊的待摊投资；

动力设备和生产设备等固定资产的成本包括：需要安装设备的采购成本，安装工程成本，设备基础、支柱等建筑工程成本或砌筑锅炉及各种特殊炉的建筑工程成本，应分摊的待摊投资。

运输设备及其他不需要安装的设备、工具、器具、家具等固定资产一般仅计算采购成本，不计分摊的待摊投资。

⑥共同费用的分摊方法。新增固定资产的其他费用，如果是属于整个建设项目或两个以上单项工程的，在计算新增固定资产价值时，应在各单项工程中按比例分摊。一般情况下，建设单位管理费按建筑工程、安装工程、需安装设备价值总额等比例分摊，而土地征用费、地质勘察和建筑工程设计费等费用则按建筑工程造价比例分摊，生产工艺流程系统设计费按安装工程造价比例分摊。

（3）新增固定资产价值的作用

①能够如实反映企业固定资产价值的增减情况，确保核算的统一性、准确性。

②反映一定范围内固定资产的规模与生产速度。

③核算企业固定资产占用金额的主要参考指标。

④正确计提固定资产折旧的重要依据。

⑤分析国民经济各部门技术构成、资本有机构成变化的重要资料。

2. 新增流动资产价值的确定

①货币性资金。

具体包括现金、银行存款以及其他类型的货币资金。现金为企业的库存现金，企业内部各部门用于周转的备用金也属于此范畴；银行存款为企业在不同类型银行的存款；其余的为其他类型的货币资金。对于此类流动资产应按照实际入账进行价值核算。

②应收及预付款项。

应收款项指的是企业因向购货单位销售商品、向受益单位提供劳务而需要收取的款项；预付款项指的是企业依据购货合同需要预付给供货单位的购货订金或贷款。对于此类流动资产应根据企业销售商品或提供劳务的成交金额进行价值核算。

③短期投资。

具体包括股票、债券、基金。股票和债券根据是否可以上市流通分别采用市场法和收益法进行价值核算。

④存货。

存货指的是企业的库存材料、在产品以及产成品等。应依据取得存货的实际成本进行价值核算。对于外购存货，其实际成本具体包括买价、运输费、装卸费、保险费、途中合理损耗、入库前加工、整理及挑选费用以及缴纳的税金等；对于自制存货，其实际成本为生产过程中的全部支出总和。

3. 新增无形资产价值的确定

在财政部和国家知识产权局的指导下，中国资产评估协会于2008年制定了《资产评估准则——无形资产》，自 2009 年 7 月 1 日起施行。根据上述准则规定，无形资产是指特定主体所拥有或者控制的，不具有实物形态，能持续发挥作用且能带来经济利益的资源。我国作为评估对象的无形资产通常包括专利权、专有技术、商标权、著作权、销售网络、客户关系、供应关系、人力资源、商业特许权、合同权益、土地使用权、矿业权、水域使用权、森林权益、商誉等。

进行无形资产的价值核算时，应遵循以下原则：

①若投资方以资本金或合作条件的形式投入无形资产时，应采用评估确认或合同约定的金额进行核算。

②对于购置的无形资产，应依据具体支付的金额进行核算。

③由企业自行开发取得的无形资产，应依据开发过程中全部支出进行核算。

④对于企业接收捐赠获得的无形资产，应依据发票账单上的金额或同类物性资产的市场价进行核算。

⑤进行无形资产的价值核算时，需在其有效期内分期摊销，也就是说，企业为其支出的费用应在无形资产的有效期内得到补偿。

无形资产的计价包括以下几种方法：

①专利权的计价。由于专利权是具有独占性并能带来超额利润的生产要素，因此，专利权转让价格不按成本估价，而是按照其所能带来的超额收益计价。

②专有技术（又称非专利技术）的计价。专有技术具有使用价值和价值，使用价值是专有技术本身应具有的；专有技术的价值在于专有技术的使用所能产生的超额获利能力，应在研究分析其直接和间接获利能力的基础上，准确计算出其价值。

③商标权的计价。如果商标权是自创的，一般不作为无形资产入账，而将商标设计、制作、注册、广告宣传等发生的费用直接作为销售费用计入当期损益。只有当企业购入或转让商标时，才需要对商标权计价。商标权的计价一般根据被许可方新增的收益确定。

④土地使用权的计价。根据取得土地使用权的方式不同，土地使用权可有以下几种计价方式：a.当建设单位向土地管理部门申请土地使用权并为之支付一笔出让金时，土地使用权作为无形资产核算；b.当建设单位获得土地使用权是通过行政划拨的方式，这时土地使用权就不能作为无形资产核算，在将土地使用权有偿转让、出租、抵押、作价入股和投资，按规定补交土地出让价款时，才作为无形资产核算。

4. 新增其他资产价值的确定

①开办费的计价。

开办费指的是筹建期间产生的费用，具体包括办公费、培训费、注册登记费、人员工资等未计入固定资产的费用以及不计入固定资产和无形资产购建成本的汇兑损益、利息支出。依据企业最新的会计制度，应先将长期待摊费用中归集筹建期间的费用，从企业开始生产的下个月开始，按照不少于 5 年的期限平均摊入管理费用中。

②固定资产大修理支出的计价。

是指企业已经支出，但摊销期限在1年以上的固定资产大修理支出，应当将发生的大修理费用在下一次大修理前平均摊销。

③以经营租赁方式租入的固定资产改良支出的计价。

是指企业已经支出，但摊销期限在1年以上的以经营租赁方式租入的固定资产改良支出，应当在租赁期限与租赁资产尚可使用年限两者较短的期限内平均摊销。

④特种物资、银行冻结存款和冻结物资、涉及诉讼的财产等。

计价主要以实际入账价值核算。

第三节　质量保证金的处理

一、建设工程质量保证金的概念与期限

（一）保证金的含义

建设工程质量保证金，简称保证金，指的是发包人与承包人经协商在合同中约定，从工程款中预留出，用于支付在规定的质量保修期内对于建设工程出现的缺陷所发生的维修、返工等各项费用。缺陷是指建设工程质量不符合工程建设强制标准、设计文件，以及承包合同的约定。

（二）缺陷责任期及其期限

缺陷责任期是指承包人对已交付使用的合同工程承担合同约定的缺陷修复责任的期限，其实质就是指预留质保金（保证金）的一个期限，具体可由发承包双方在合同中约定。

缺陷责任期从工程通过竣（交）工验收之日起计算。由于承包人原因导致工程无法按规定期限进行竣工验收的，期限责任期从实际通过竣（交）工验收之日起计算。由于发包人原因导致工程无法按规定期限竣（交）工验收的，在承包人提交竣（交）工验收报告90天后，工程自动进入缺陷责任期。

缺陷责任期为发、承包双方在工程质量保修书中约定的期限。但不能低于《建设工程质量管理条例》要求的最低保修期限。《建设工程质量管理条例》对建设工程在正常使用条件下的最低保修期限的要求为：

①地基基础工程和主体结构工程，为设计文件规定的该工程的合理使用年限；

②屋面防水工程、有防水要求的卫生间、房间和外墙面的防渗漏为五年；

③供热与供冷系统为2个采暖期和供热期；

④电气管线、给排水管道、设备安装和装修工程为二年；

⑤其他项目的保修期限由承发包双方在合同中规定。

建设工程的保修期，自竣工验收合格之日算起。

二、保证金预留比例及管理

（一）保证金预留比例

对于由政府参与投资的建设项目，保留金的预留比例应约占结算工程价款的5%。对于社会投资的工程项目，若在合同中约定了保证金的预留方式及比例，则据此执行。

（二）保证金预留

发包人应按照合同约定的质量保证金比例从结算款中扣留质量保证金。全部或者部分使用政府投资的建设项目，按工程价款结算总额5%左右的比例预留保证金，社会投资项目采用预留保证金方式的，预留保证金的比例可以参照执行。发包人与承包人应该在合同中约定保证金的预留方式及预留比例，建设工程竣工结算后，发包人应按照合同约定及时向承包人支付工程结算价款并预留保证金。

（三）保证金管理

在质量保修期内，对于由国库集中支付的政府投资项目，应依据国库集中支付的具体规定管理保证金。而其他政府投资项目，其保证金可由财政部门或发包人管理。若发包人被撤销，那么保证金及交付使用资产则转移给使用单位，使用单位执行原发包人的职责。

对于采用预留保证金方式的社会投资项目，其保证金可由金融机构代为管理；对于采用工程质量保证担保、工程质量保险等其他方式的社会投资项目，发包人不得再预留保证金，并按照有关规定执行。

（四）质量保证金的使用

承包人未按照合同约定履行属于自身责任的工程缺陷修复义务的，发包人有权从质量保证金中扣留用于缺陷修复的各项支出。若经查验，工程缺陷属于发包人原因造成的，应由发包人承担查验和缺陷修复的费用。

（五）质量保证金的返还

超出合同规定的质量保修期后，发包人应在14天内把未使用的质量保证金返还给承包人。即便承包人收到了保证金，其仍具有进行一定质量保修的责任和义务。

参考文献

[1] 刘镇.工程造价控制［M］.北京：北京理工大学出版社，2016

[2] 徐锡权.工程造价控制［M］.北京：科学出版社，2016

[3] 胡新萍，王芳.工程造价控制与管理［M］.北京：北京大学出版社，2018

[4] 寇博伦.建设项目工程造价全过程管理与控制探讨［J］.中文科技期刊数据库（文摘版）工程技术，2022，(3)：143-145

[5] 王玮琳.工程项目建设前期工程造价管理问题浅析［J］.陕西水利，2022，(12)：187-188

[6] 卫星.EPC总承包工程建设项目造价控制与管理提升［J］.现代企业，2023，(3)：35-37

[7] 林秋余.浅析建设项目全过程工程造价管理与控制［J］.中文科技期刊数据库（引文版）工程技术，2022，(10)：55-58

[8] 汪映红，刘代全，刘建华.基于BIM应用的水运工程建设项目造价管理［J］.水运工程，2019，(3)：154-158

[9] 吕姜莹.基于BIM应用的水运工程建设项目造价管理探寻［J］.中国设备工程，2021，(23)：66-67

[10] 张琳，马时春.关于水利水电工程建设项目造价管理与控制的思考［J］.水电水利，2021，4(11)：46-47

[11] 张爱芹.浅论公路工程建设项目造价管理［J］.商业2.0（经济管理），2021，(15)：1-1

[12] 潘杰波.探究工程建设项目造价管理及造价控制［J］.房地产导刊，2020，(6)：216-216

[13] 刘军.水利工程建设项目造价管理措施［J］.中国住宅设施，2019，(1)：1-2

[14] 刘欲意，郭海涛.矿山工程建设项目造价管理信息系统设计［J］.矿冶工

程，2020，40（3）：145-149

[15] 朱长玮.工程造价咨询在建设项目全过程管理中的运用［J］.现代物业（中旬刊），2019，（3）：164-167

[16] 卫雷.建设项目工程造价的动态管理研究［J］.建材与装饰，2019，（5）：125-126

[17] 高旋.基于BIM应用的水运工程建设项目造价管理［J］.中国科技期刊数据库工业A，2021，（4）：1-2

[18] 盛明军.简谈工程建设项目造价管理及造价控制［J］.中文科技期刊数据库（引文版）工程技术，2021，（6）：124-125

[19] 石亚婷.水利工程建设项目造价管理［J］.中文科技期刊数据库（全文版）工程技术，2021，（4）：1-2

[20] 陈天成.试谈工程建设项目造价管理及造价控制［J］.中文科技期刊数据库（引文版）工程技术，2021，（6）：164-165

[21] 王丹.探究工程建设项目造价管理及造价控制［J］.中文科技期刊数据库（引文版）工程技术，2021，（2）：97-98

[22] 李红霞.浅析工程建设项目造价管理及造价控制［J］.中文科技期刊数据库（全文版）工程技术，2021，（9）：199+214

[23] 石姣.水利工程建设项目造价管理措施［J］.现代物业：新建设，2020，（9）：128-128

[24] 张新涛.水利水电工程建设项目造价管理分析［J］.中国科技投资，2020，（27）：182-182

[25] 李晓波.浅谈水利水电工程建设项目造价管理及控制［J］.中文科技期刊数据库（全文版）工程技术，2020，（10）：102-103

[26] 王淑敏.工程建设项目造价管理及造价控制研究［J］.人文之友，2020，（9）：49-49

[27] 张微微.工程建设项目造价管理及造价控制［J］.商品与质量，2020，（39）：19-19

[28] 杨杰.工程建设项目造价管理及造价控制［J］.幸福生活指南，2020，（12）：1-1

[29] 庄华清.探讨工程建设项目造价管理及造价控制［J］.中国科技投资，2020，（14）：181-182

[30] 尹亮.工程建设项目造价管理及造价控制［J］.百科论坛电子杂志，2020，（4）：693-694

[31] 王琦.工程建设项目造价管理及造价控制［J］.居业，2020，（8）：141-143

[32] 夏一飞.工程建设项目造价管理及造价控制[J].新商务周刊,2020,(23):47+49

[33] 王正东.水利工程建设项目造价管理与控制策略探讨[J].中国房地产业·下旬,2019,(8):249-250

[34] 王震.水利工程建设项目造价管理措施[J].珠江水运,2019,(23):23-24

[35] 韩京宇.水利工程建设项目造价管理措施[J].电子乐园,2019,(17):457-457

[36] 郭元志.水利水电工程建设项目造价管理与控制策略分析[J].现代企业文化,2019,(3):117-118

[37] 陈宇杰.浅析水利水电工程建设项目造价管理与控制[J].中外交流,2019,26(24):121-121

[38] 张佳文.工程建设项目造价管理及造价控制[J].价值工程,2019,38(36):87-88

[39] 李万杰.建设项目全过程工程造价管理探究[J].中文科技期刊数据库(引文版)工程技术,2022,(4):1-2

[40] 王淑敏.工程建设项目造价管理及造价控制研究[J].科技成果纵横,2020,(3):93-93

[41] 韩京宇.水利工程建设项目造价管理措施[J].轻松学电脑,2019,(9):128-128

[42] 岑立.建设项目全过程工程造价管理和控制[J].中文科技期刊数据库(引文版)工程技术,2022,(6):191-193

[43] 张兴隆.关于建设项目全过程工程造价的控制研究[J].地产,2023,(5):65-68

[44] 高波.建设项目全过程工程造价管理研究[J].中国科技期刊数据库工业A,2022,(8):186-189

[45] 张玉娟.探讨建设项目全过程工程造价管理[J].中国科技期刊数据库工业A,2022,(3):82-84

[46] 李学亮.浅谈建设工程项目工程造价质量管理[J].建筑与预算,2022,(8):22-24

[47] 朱凤雷.建设项目全过程工程造价管理策略分析[J].地产,2023,(1):110-113

[48] 仵晓迪.建设项目工程总承包中的造价管理[J].中国招标,2023,(1):104-106

[49] 郝春艳.建设项目全过程工程造价管理策略分析[J].中国科技期刊数据

库工业 A，2022，（6）：152-154

[50] 李哲宇. 建设项目全过程工程造价管理［J］. 四川建材，2022，（9）：48-48

[51] 张鹏. 建设项目工程造价全过程管理方法探讨［J］. 居业，2023，（3）：172-174

[52] 谢冰. 建设工程项目造价工作全过程管理与控制［J］. 建筑发展，2022，6（3）：54-57

[53] 厉敬. 试析建设项目工程造价全过程管理与控制［J］. 中文科技期刊数据库（文摘版）工程技术，2022，（2）：194-196

[54] 李娜. 建设项目工程造价全过程管理方法探讨［J］. 科技资讯，2022，20（8）：78-80

[55] 王永祥. 工程项目建设前期工程造价管理问题浅析［J］. 中文科技期刊数据库（引文版）工程技术，2022，（12）：20-23

[56] 王婷. 探讨建设项目全过程工程造价管理策略［J］. 中文科技期刊数据库（引文版）工程技术，2022，（10）：51-54

[57] 党欣. 高校基本建设项目的工程造价管理及控制［J］. 粘接，2019，40（8）：131-133

[58] 王政文. 工程项目建设的全过程造价咨询管理研究［J］. 中文科技期刊数据库（引文版）工程技术，2022，（12）：28-31